JN251257

風土工学誕生物語

竹林　征三

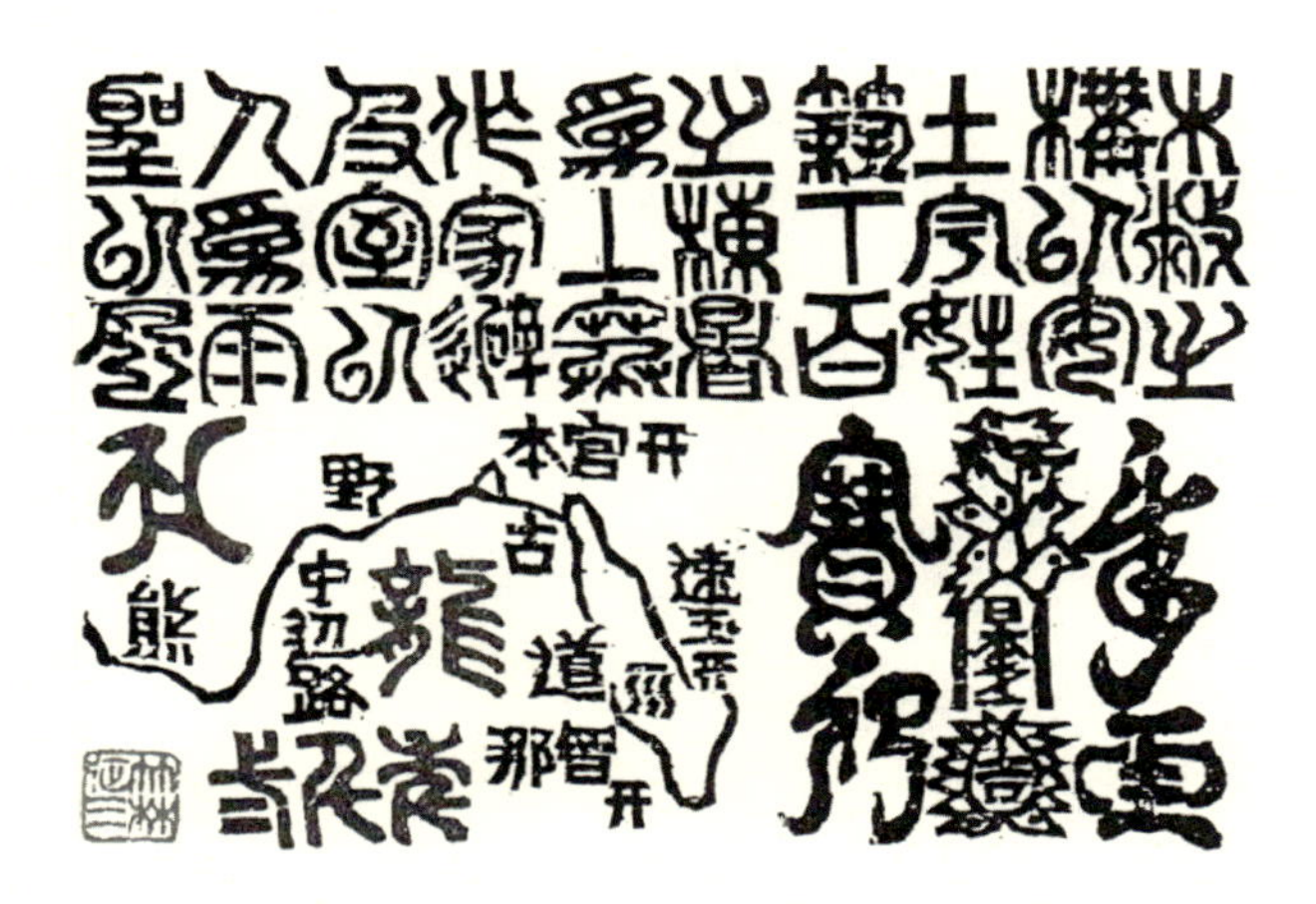

風土工学誕生物語　目次

第一部　風土工学誕生物語

1．はじめに

私は風土工学ともう一つ東日本大震災以降考えた環境防災学という二つの工学を構築しました。今日はそのうちの風土工学についてお話し致します。

風土工学とは風土文化という文科系のものと工学という理科系的なものをドッキングしたこれまでになかった独創的な工学体系です。この体系を構築するまで、七転八倒の苦しみを経ることになったのですが、その誕生までのドキュメンタリーをダイジェスト版としてお読みいただければと存じます。

私は小学校から大学院に進み社会人になるまで大阪市内で過ごしましたので大阪弁が抜けない根っからの大阪人です。零細商売人の家庭に育ちましたので大阪のざっくばらんな気取らない実質的なところが気に入っています。

嫌いなものは巨人・大鵬の圧倒的な強さと・中身のない権力者や権威者が嫌いです。無知な専門家と称する人々が我が世の春を謳歌している現状、憂慮に絶えません。

最近特に面白くないことは、大阪・関西の凋落があまりにも酷い事です。

石川・福井は百パーセント大阪圏でした。富山と新潟の県境が東京圏との境界でした。しかし、北陸新幹線が石川まで延伸し、完全に東京圏になり、敦賀までもうすぐ東京圏になります。敦賀から大阪まではまだルートも決められない状況です。

新幹線はもうじき時代遅れになりそうです。リニヤは東京～名古屋間の工事が本格化しだしたが、名古屋～大阪間はまだルートも決められずにいます。名古屋はかつては関西圏でした。その名古屋も東京圏になってしまいます。昔は名神高速が出来てから、そのあとに東名高速を造りました。今の、大阪は次々、置いてけぼりになってしまっています。

元橋本市長が掲げる大阪都構想などは、東京都のようになりたいという願望は初めから東京に負けています。都構想の中身は良く知りませんが。昔、東京は政治の中心、大阪は経済活動の中心でした。大阪人は、政治など期待しない、贅六文化（禄、閥、引、学、太刀、身分）が大好きです。縁故とか大嫌い、政治や権力には見向きもしませんでした。

2．実学として土木・河川・そして建設省に

私は小学生のころから昆虫大好き少年で箕面の山がフィールドでした。それで、京大の農林生物に行きたかったのですが、貧乏生活でしたので、御飯の食いはずれのない実業として京大の医学部を目ざしたのですが落ちて、一年浪人しました。私の周りの頭の良い方

は、東大の法学部とか最先端の電子工学や合成化学等を志望しましたが、一番泥臭い土木を選びました。

私は、子供のころから地図を見るのが大好きでした。半島の最先端の灯台とか秘境の幻の滝はどの様なものかまだ見ぬものを想像するだけで楽しくなりました。

土木の中でも美しい長大吊り橋など大変魅力がありましたが、ほとんどが自然現象で人間活動にも関係が大きい河川を選びました。河川を選択したら、建設省へ行けと指導されました。役人になれば定年まで首にならないし、その後天下りというのがあるからと言われて、それはありがたい、零細商人が日銭を稼ぐことの辛さは身に染みていましたので、迷わず、建設省（当時）に就職しました。初任地は和歌山県庁の出先の土木事務所でした。設計するとは積算（金額に換算）することでした。当時、災害待ちという言葉がありました。いくら河川や道路を直してほしいと言っても直す予算がありません。災害と認めてくれれば、自分たちの長年の悲願が達成される。全額国費で直してくれる。災害は地域の悲願達成の最大の好機でした。災害査定は神様のようなものです。

和歌山の出先に3年奉職した後に霞が関の本省に転勤になりました。

全国の都道府県から台風何号で堤防が切れて大災害になったなどという話を毎日聞きました。なんて災害が多いのだろう。どうしてこんな危険なところに沢山な方が住んでいるのだろう。災害状況を聞き調書を作り大蔵省（当時）に説明し予算化するのが仕事でした。

3．日本の風土は美しい

現地調査をする機会も多く与えられました。現地に行けば災害箇所や堤防・ダムサイトだけではなく近くの神社仏閣や名所も案内してくれます。長野県茅野市の現場では、近くまで来たのでついでに女神湖や白樺湖等を見せてもらいました。なんて美しい湖水なのでしょう。雄神の山が浅間山で、女神の山が蓼科山でその蓼科山が湖水面に映るから女神湖だという。白樺湖など本当に美しい湖水が多くありました。野反湖などは秋にはキスゲや高山植物のお花畑、日本の風景景勝地は実に素晴らしいと感激しました。大阪の工場地帯の下町で育った者にとっては調査で訪れた日本の各地は天国の花園のように思いました。このような素晴らしい景勝地は日本国民の宝で後世に残さなくてはならないのは当然で、国立公園・国定公園・県立公園に指定されています。意外なことに、それらは終戦後築造された農業ダムでした。野反湖は発電ダムで、元の名前は○○溜池でしたが、改名したら、ＪＴＢなどが宣伝し出し、一躍有名な高原の観光地になりました。

形ある土木施設よりも形のない名前の方がより重要なのだ、地域の誇りを作ることが出来るとその時私は実感させられたのです。

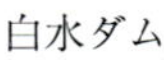
白水ダム

田中康夫知事（当時）が脱ダム宣言を行い、マスコミで大キャンペーンをしたことがありました。何故か脱ダム宣言の対象はコンクリートダムだけでした。それ以外のアースダム土堰堤やロックフィルダムは環境破壊でないと、辻褄の合わない何とも変な論理で展開していました。なるほど民主党政権（当時）のキャッチフレーズは「コンクリートから人へ」で、コンクリートのみが悪者扱いされたのでした。

大分県に白水ダムというのがあります。知る人ぞ知る日本で一番美しいといわれているダムです。しかし、このダムは、コンクリートダムです。これを築造することを思いついて、ダムサイトを発見した後藤鹿太郎さんの銅像が建立されています。相当に不便なところですが、全国から今では見学者が絶えません。

此れは京都の宇治にある天ヶ瀬ダムです。アーチの弧状は美しい造形美です。力学を追及した結果アーチになりました。国宝宇治の平等院の鳳凰の翼を広げたようだと鳳凰湖と命名されました。今、ダムを訪れるとダムカードというものがいただけます。ダムマニアが多くおられてこのカードは大人気。何千円かのプレミアがついているそうです。垂涎の的らしいです。

平成3年に調べたのですが、全国の国立公園の中に12ダムが建設されております。また国定公園には46ダム、県立公園には110ダムが建設されており、どれもが公園設置を審議する審議会でこの素晴らしい景観は、後世に残すべき日本の景勝になっていると評価されております。

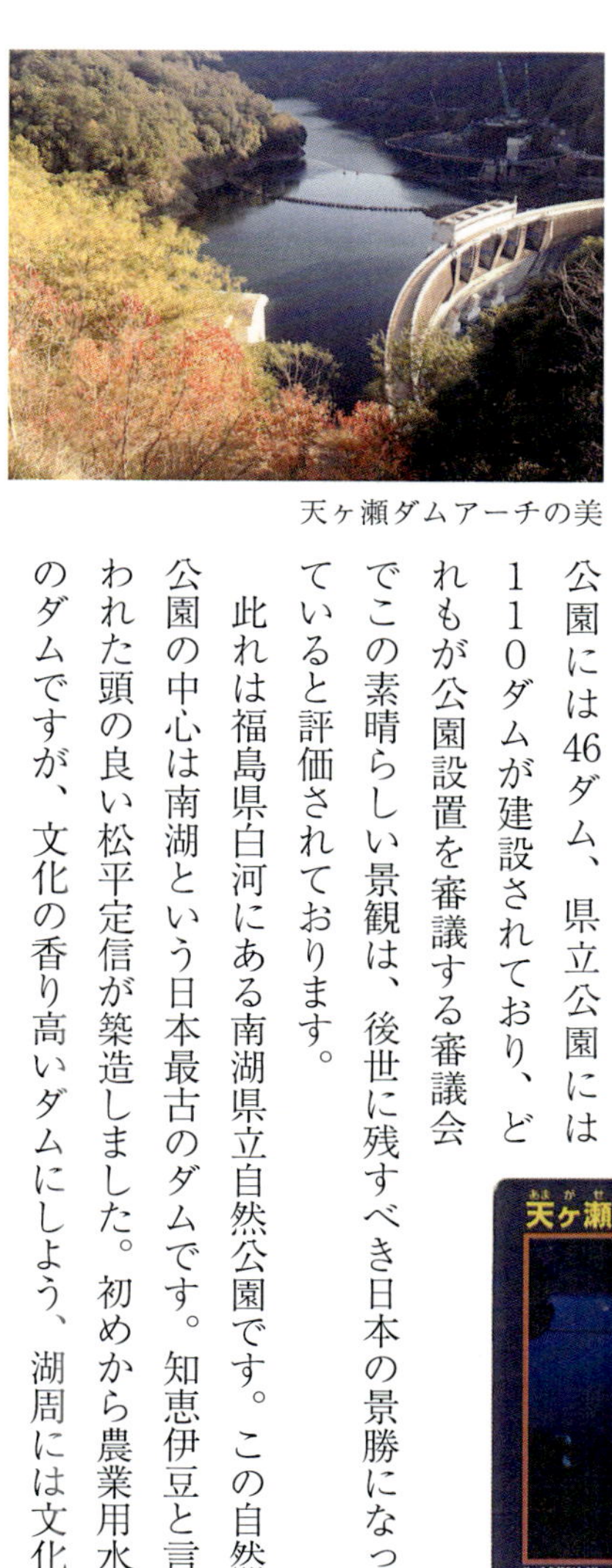

天ヶ瀬ダムアーチの美

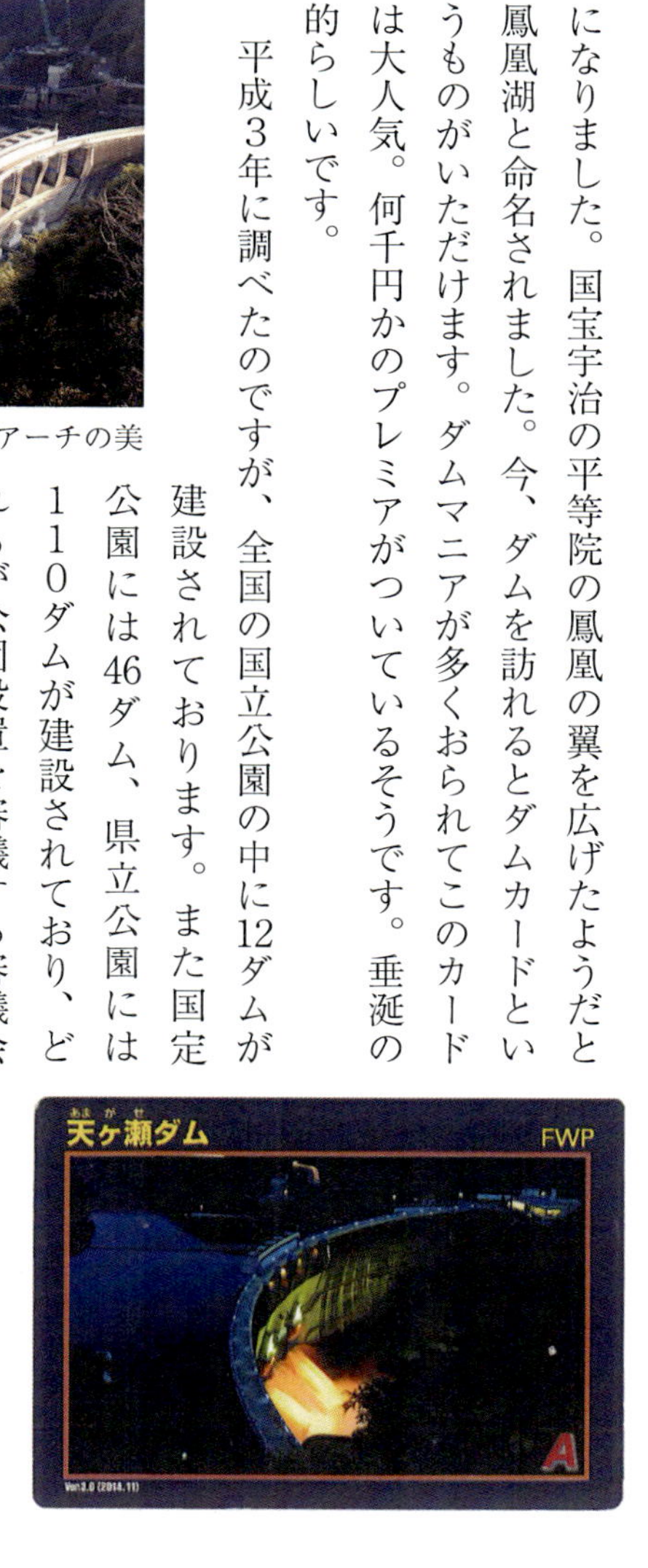

此れは福島県白河にある南湖県立自然公園です。この自然公園の中心は南湖という日本最古のダムです。知恵伊豆と言われた頭の良い松平定信が築造しました。初めから農業用水のダムですが、文化の香り高いダムにしよう、湖周には文化

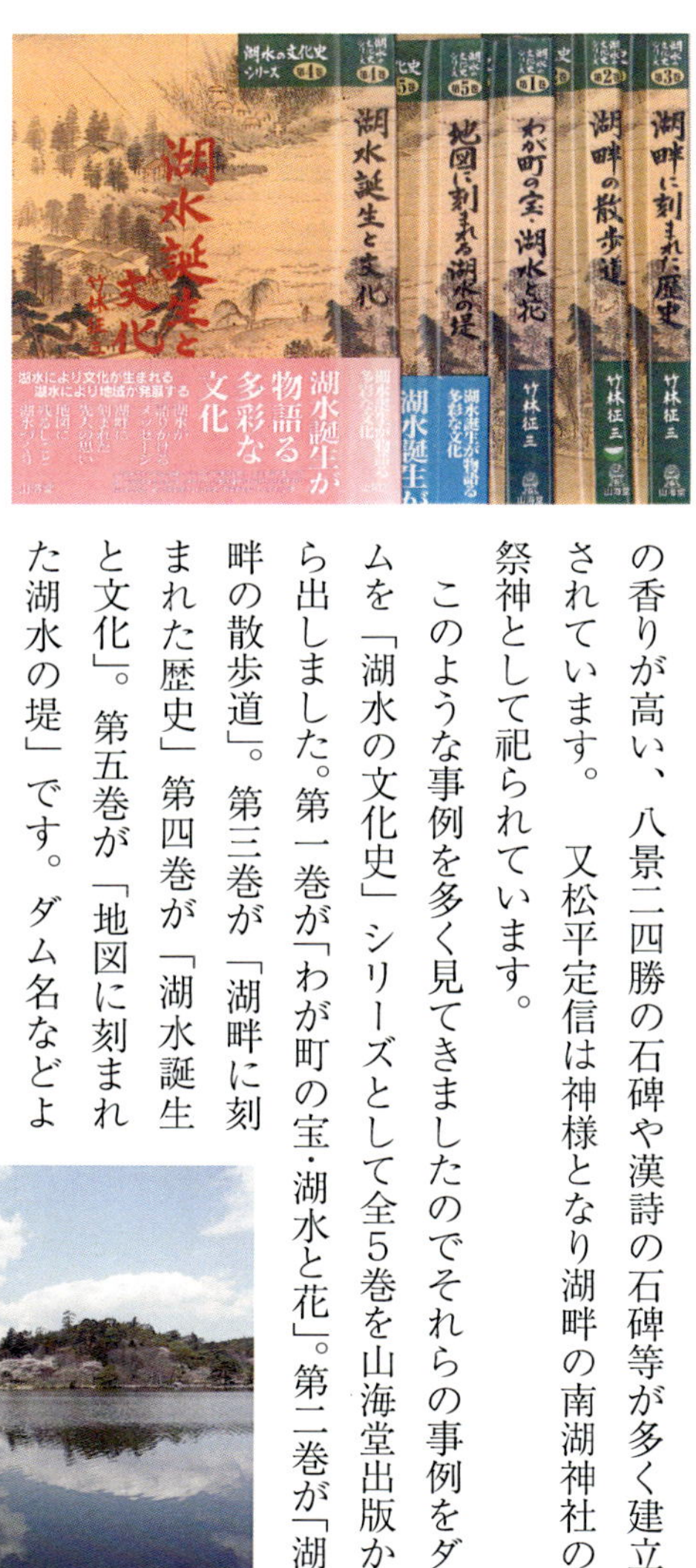

の香りが高い、八景二四勝の石碑や漢詩の石碑等が多く建立されています。　又松平定信は神様となり湖畔の南湖神社の祭神として祀られています。

このような事例を多く見てきましたのでそれらの事例をダムを「湖水の文化史」シリーズとして全5巻を山海堂出版から出しました。第一巻が「わが町の宝・湖水と花」。第二巻が「湖畔の散歩道」。第三巻が「湖畔に刻まれた歴史」第四巻が「湖水誕生と文化」。第五巻が「地図に刻まれた湖水の堤」です。ダム名などより湖水名の方が遥かに大きな意味があるのです。役人としてこのような本を出せば、この人間は役人向きではないと判断されるからやめておけと先輩から強く忠告があったのですが、若気の至りで出してしまいました。これが我が人生・誤算の始まりだったように思えます。

南湖県立公園

南湖神社

松平定信像

地方別	国立公園	国定公園	県立自然公園	国営公園
北海道	-	1	3	-
東北	-	9	21	1
関東	6	1	9	-
北陸	3	4	17	-
中部	2	16	16	-
近畿	-	6	11	-
中国	-	4	12	1
四国	-	1	11	1
九州	1	4	10	-
合計	12	46	110	3

ダム及びダム湖が優れた景勝地であるとして自然公園に指定されているダム数（ダム湖を含む地域がダム建造後あるいはダム工事中に自然公園法により我が国の風景を代表する傑出した風景地が創出されたとして公園指定されたかあるいは区域変更して追加指定されたダム数）平成3年度調査

4. 地名と歴史・民話と伝説

全国各地の河川や道路の仕事をしていると、必ず出くわすのが地名です。面白い地名や難しい地名に出合う。そのたびにその地名由来を知りたくなる。過去に何度もがけ崩れを繰り返してきた地名とか昔の河川が流れていたところだとか知れば知るほど奥が深い。地名とともに、民話伝説には過去のその地の本当の歴史が語られています。勝者が自分たちが正義だとして書き残してきたのがいわゆる正史としての歴史書であり、敗者が歴史に残せなかった真実は民話伝説で伝えられてきたことが分かります。民俗学の巨星・谷川健一さんは、日本地名研究所を創設されました。谷川健一さんと宮古島・石垣島など八重山諸島の旅でご一緒し、多くの事を学びました。

○地名は大地の表面に描かれたあぶり出し

○とおい時代の有機物の化石

○太古の時代の意識の結晶

○地名は大地に刻された人間の過去の索引

また、淀川の左岸の寝屋川市に太間という所があります。これは淀川の日本最古の堤・茨田(まむた)の堤の破堤箇所となった場所ですが、太間（たいま）は絶間（絶え間）の事であります。そこには「強頸(こわくび)の絶間」と「衫子(ころものこ)の絶間」の二つがあります。

強頸は破堤箇所の修復に失敗し、人柱にされてしまった。強頸とは関東から来た土方の親分です。それを監督した役人の衫子は屁理屈を言って責任逃れをして人柱にされなかった物語が伝えられています。ここには堤防破堤したときに出来る切れ所沼がついこの前までありました。このような人柱伝説は日本各所に伝わっています。その代表が長柄の人柱巌氏です。人柱伝説とは人命より堤防の方が大切だったという意味ですが、現在は人命が第一だと言っています。ついこの前まで土木工事では何人も犠牲者が出るのは常識でした。何億に何人と言われていたものです。土木の仕事は人命より大切なくらい、悲願の仕事だったのです。

大和川の羽団扇（はうちわ）

初瀬川　寺川　飛鳥川　曽我川　葛城川　葛下川　布留川　佐保川　富雄川　竜田川　河合　大和川

長柄・人柱碑

　さらに、全国に大蛇伝説が実に多く、大蛇は洪水の代名詞であり、八俣の大蛇退治伝説は斐伊川の治水伝説という事になっていますが、実は大和川の治水伝説でもあるとの話をすれば、キョトンとされる方が多いのです。

出雲の国引き神話などは大地創生の物語なのですが、現代の地質学が解き明かしたことを、すでに神話はとっくにわかっていました。科学などより神話の方がよくわかっていると思いました。

八岐大蛇（ヤマタノオロチ）伝説

◎出雲の国・斐伊川の治水伝説
　○八岐大蛇…洪水（八つの頭…八つの支川）
　　　　　　　　（八つの尾…八つの派川）
　○高志から毎年決まった季節に山からやってきて娘を食べる。娘…稲田（田甫が流される）
　○オロチの腹は血でただれている…砂鉄で濁っている
　○高志は越前のことだという。越と出雲は戦の状態だったという

国引き伝説とは
沖にあった四つの島を大山に網をかけて、引っ張ってきた、網が弓ヶ浜半島になった。
三瓶山に網をかけて引っ張ってきた、網が薗の長浜になった。そして四つの島を縫い合わせて出雲の国をつくった。

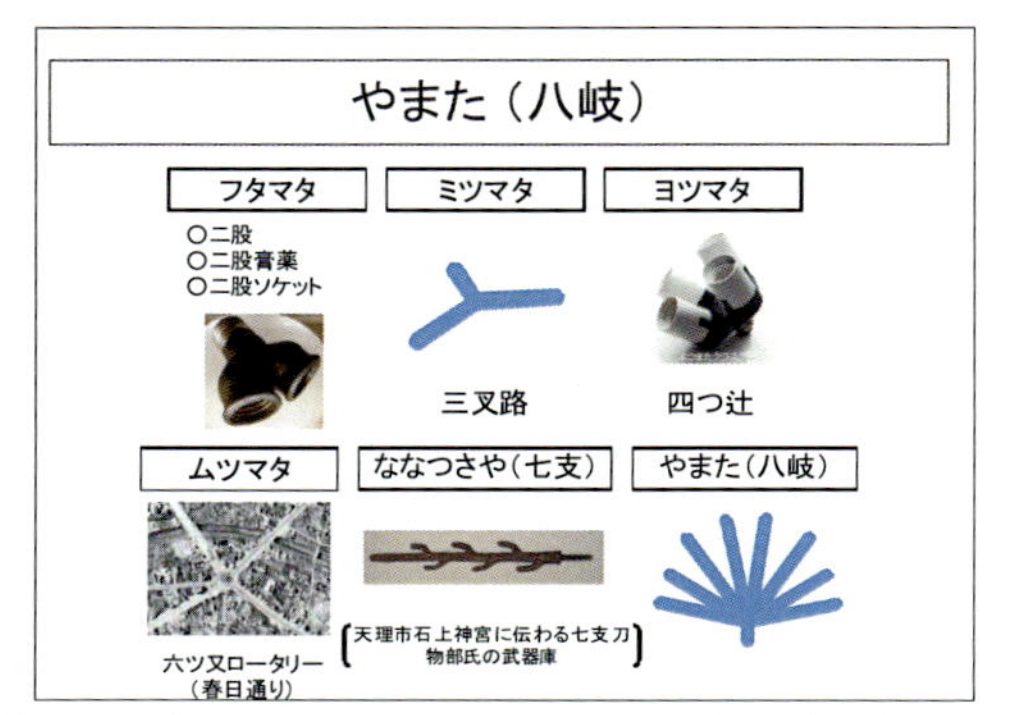

「八またの大蛇」とは八つの川からやってくる大蛇（洪水）が1ヶ所に集まるところである。そのようなところは大和川の広瀬神社である。

5. 土木・環境破壊論

現在土木事業は環境破壊であり、そのシンボルがダムだという事になっています。確かに現在の河川やダム工事現場を見ると正に環境破壊と言われても仕方がない一面も有しています。ブルドーザーや大型ダンプがうなり、赤茶けた広い掘削面は実に痛々しい。工事中は致し方がないとしても、完成後、ダム湖を見れば帯状に裸地がありどう見ても環境破壊に映ります。昔の美しい湖水面はどこにもなく、土木の仕事はどうも評判が良くない。土木の仕事は用地買収が終わらなければ始まりません。無償提供や安い価格で提供するところもあれば、一方は取引時価相場よりはるかに高い価格でも反対されて買収できない所もあります。収用法を発動する事例が毎年おおく発生し、土木の仕事は、心が入っていないように見えます。また、技術基準・マニュアル通り作らないと大変なことになります。会計検査院が、無駄なことをしていると指摘、国会報告されると自腹を切って償わなければなりません。責任を取らされて辞職せざるを得なくなることもあるわけです。コスト・ベネフイット・効率一辺倒がもとめられている。自己保身に走り、怯懦と退嬰の気が世を覆っています。素晴らしい国土を後世に伝えるという土木技術者の崇高な使命はすっかり忘れさられてしまったのではと憂慮されます。

6．「感性工学会」にびっくり仰天

日刊工業新聞の記事を読んでいて、「感性工学」というものがあるとありましてビックリしました。感性などというものが何故、工学になるのかビックリ仰天しました。早速、感性工学の創始者である長町三生先生の肩書をみてまたビックリしました、広島大学の情報処理工学科の教授で文学博士とのことである。文学博士が何故工学部の教授なのでしょう。直ぐに長町先生の感性工学の本を読み納得しました。計量統計心理学の先生だったのです。統計や情報処理は工学部のお得意分野ですから。

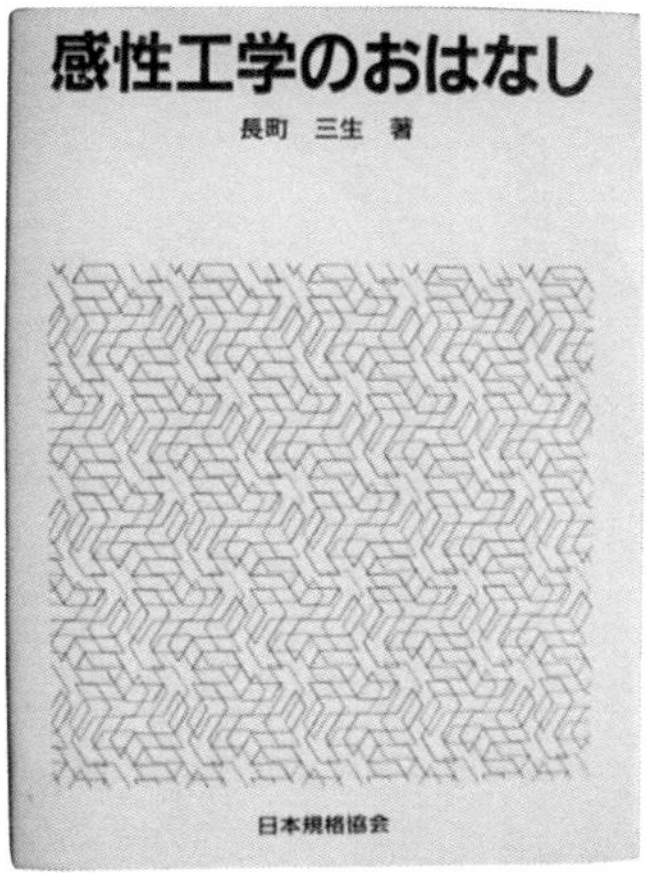

1＋1は2という論理的なものが理性です。理性は工学になりますが、なんとなく気分が良いというような、論理的でないものが感性です。そんなものが何故工学になるのか？　突然制御できなくなり爆発する感情は工学にはなりませんが、美しい桜を見れば陰鬱な気が晴れます。感性は理性ほど論理的ではないが制御がききます。したがって工学になります。ものづくりも品質の良いもの、更には自分の好

理性と感性と感情

	理性領域		感性領域
	知性		感情
	理性	感性	
論理性	論理的な判断や態度	論理性に欠ける	論理性なし
制御性	制御性抜群	制御がきく	制御しがたい
流動性	動かない	あまり動かない 心的現象	思考性なし
思考性	論理的操作のきく思考	感性的思考 （拡げられる思考）	思考性なし
研磨性	記号（文字や数）等の道具により思考を高める	「感性を磨く」 低いところから高いところへプラス方向の一方向のベクトルを持つ理性と感性と感情	「感情を磨く」とは言わない

みのものづくりとニーズが高度化してきました。土木の橋も何でもよいから渡れる橋から、丈夫な橋、そして安心して渡れる橋、地域の誇りとなる橋へとニーズが高度化してきております。建築は古くから個性化を追及する分野があります。土木はこれまで合理性とか基準化とかばかりで、個性化などという事は一切考えてきませんでした。今土木にも個性化が求められてきております。何故感性が工学になるかという事を簡単に説明すると、感性にも尺度があり、測定することが出来るのでコンピューター処理が使えるという事です。尺度には①名義尺度②順序尺度③間隔尺度④比率尺度、があります。また測定法としては①評定尺度法②一対比較法③SD法（セマンティック・ディファレンシャル）というような方法があります。その他代表的な計量心理学法にもいろいろあります。これらの手法を駆使すれば感性になじむものづくりができるというのが感性工学です。よしこの感性工学を土木に取り入れようと考えました。

しかし、感性工学は成り立っても風土工学は全く違う、風土工学が誇りうる風土が目的関数であり、誇りとか、風土とか、分からないことが多すぎるという課題がありました。

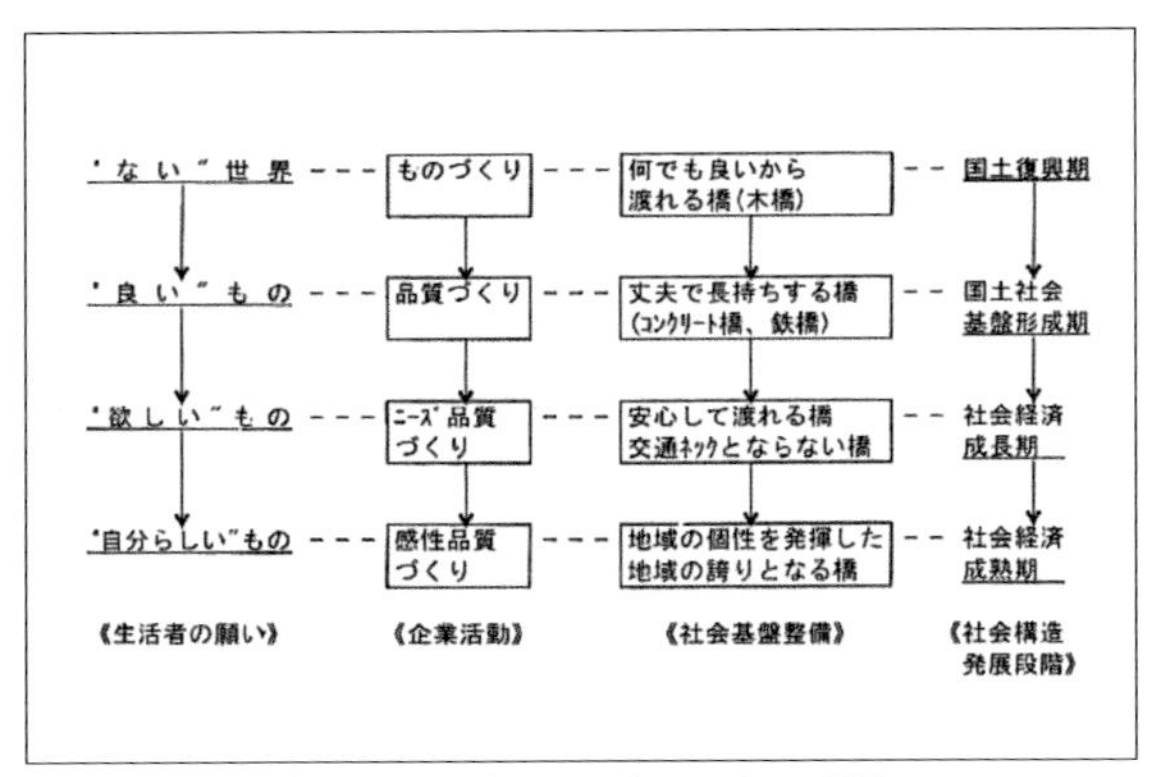

感性工学・風土工学・誕生の背景

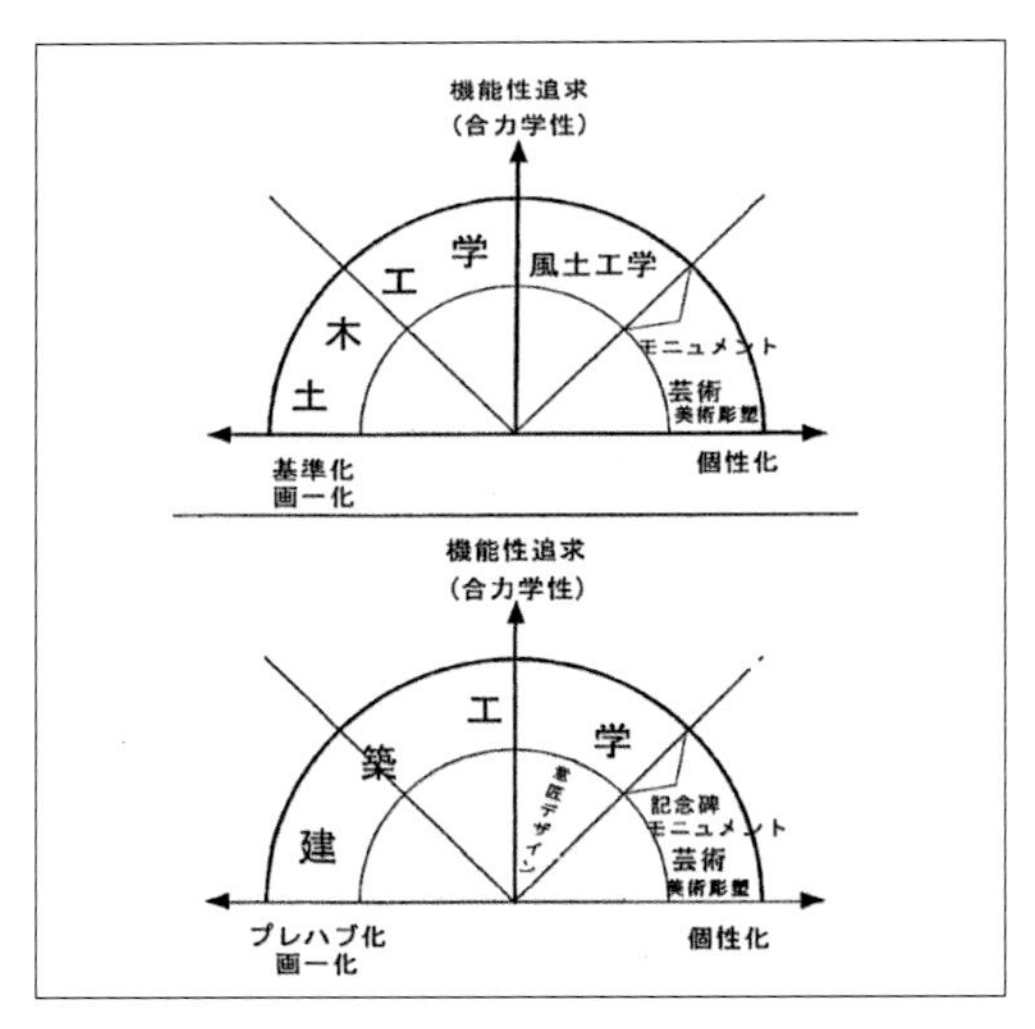

土木工学と建築工学のちがいと風土工学の位置づけ

1.名義尺度 カテゴリー（項目）の名前を尺度とする
2.順序尺度 測定対象に順位を付ける
3.間隔尺度 順位の尺度に数値的な等間隔な目盛りをつけた尺度 得られたデータから測定対象間の相対的比較が可能となる
4.比率尺度 長さや重さを図る時のように、原点ゼロを持つ間隔尺度
5.評定尺度法 測定したい感性側面を評価項目として、程度をことば表現しどの範疇（段階）に入るかを判断する
6.一対比較法（シェッフェ） 相対評価です。絶対評価より評価しやすい。 評価する対象が多い時組み合わせ数が多くなるため組み合わせを簡易化するための実験手続きの工夫が必要
7.SD法（セマンティック・ディファレンシャル） 意図的に対となる形容詞を両端においた評定尺度を複数組み合わせ多次元的評価を行う

感性は、いろいろな尺度を利用すれば測定することができる

代表的な計量心理学法

方法的分類			測定法	目的，分析対象
評価尺度を使わない方法	観測的方法		アイマークレコーダー	注視点行動
	言語、図などで表現、または認知させる方法		想起法 再生法（マップ法等） 再認法	情報量 イメージ分析
評価尺度を使う方法（評価法）	分類評価尺度	選択法	分類 順位づけ	
	序数評価尺度	評定尺度法 品等法 一対比較法	分類 順位づけ 重みづけ	
	距離評価尺度	分割法 系列カテゴリー法 等現間隔法	重みづけ	
	比例評価尺度	マグニチュード推定法 百分率評定法 倍数法	刺激量と心理量の対応	
	他次元的評価尺度	SD法	意味、情緒	
観測的方法あるいは評定尺度による方法		調整法 極限法 恒常法	閾値、等価値等 定数の決定	

代表的な計量心理学の測定法により、感性も測定できる。

7．天が与えてくれた閑職・環境部長

そのような折に、環境部長になれという辞令を渡され、退官まで秒読みに入りました。

役人には2種類の役人がいます。

国の為に我が身をけずって仕事をする役人と、それらの役人を将棋の駒として、いかに安く雇用するかということを考える役人がいます。

税金を有効に活用するには、あまり役に立たないと思える役人はさっさと首を切ることになっているようです。

公務員の給料はある所から急に増えます。その手前までは民間より安く、安いうちに使い、スリ切れた所で捨てる、役人ボロ雑巾論というものがあります。

その区切りが勤続30年です。30年を越すと退職金の計算が何割も加算されますので、その直前に首にするのが税金の一番の有効利用という論です。２年毎の転勤のたびにどんどん閑職にとばされますので、私を最短で首にしたいと当局が考えていることが手に取るようにわかりました。

しからば退職後のことをぼちぼち考えなくてはなりません。

私をいろいろ高く評価してくれている先輩から、竹林君、ボチボチ人のことばかり考え

ずに折角、研究所にいるのであるから、自分のドクターでも早くとっておけ、これからの人生に荷物になるものでないので、と忠告してくれる人が何人もでてきました。又、私がお世話になった大学の先生からも、竹林君は、非常に素晴らしい研究をしているのでそれをまとめればすぐにドクターになる、早くドクターでもとれよ！　自分が面倒を見てやるからと何人もの先生から声がかかりました。

・土砂水理学の先生から、ダム堆砂をテーマで書きなさい
・水理学の先生からは、放流水の落下低周波振動をまとめたら
・環境の先生からは、河川の生態環境論でとれよ（生物）
・地質の先生からは、土木構造物の基礎グラウチングはどうか
・コンクリートの先生からは、コンクリートの合理化施工について書いたほうがいい
・構造物の先輩からは、ライニング鉄板のマモウでとれとの話が来ました

どのテーマも私としては何かにぶち当たる度にその解決に向けて一生懸命に取り組んできたテーマばかりなのでそのテーマでまとめたいとは思いました。悲しいことには私はパソコンもワープロも自在に使いこなすことができません。ソロバン時代の古い人間ですので誰か下で手伝ってくれる者がいなくては進みません。そのうちに、土研の環境部長になりました。ずう体の大きい役所は小廻りができません。建設省が組織改革して環境部をつ

くった時は実はもう時代遅れだと思いました。

出来たばかりの環境部長に就任し、国立の大きな研究所の部長という事は管理職です。部下も多くいました。しかし不思議なことに私には研究テーマも研究費もありません。いよいよ退官の最終第三コーナーをまわったなとヒシヒシと感じました。世の中、環境が大切だからと急遽、新しい環境部を創設するとはいえ、トップの部長だけが新しく、その下の四つの研究室はこれまで他のいろいろな部にあった環境らしきテーマを持つ研究室を寄せ集めただけです。

研究テーマも研究員も全て室長についていますので、私は形の上で全研究室長を指導し、たばねる役割ですが、そこに何も環境など研究してこなかった私が行っても、部下の室長はついてきません。私には何も研究成果は期待されていなかったのです。私に与えられた役目は、土研の幹部会議でトップの所長の命令を私の部下の室長に伝えるメッセンジャーボーイの役目だけでした。

私はそこで逆転の発想で考えました。私に環境を学ぶ機会を天が与えてくれたわけです。環境と言っている限り心が入ってきません。そのような環境などより風土の方がより大切だと常日頃から考えていましたので、この機会に環境論と風土論を纏めてみようと考えました。部下の有能な室長に次のように言命しました。

良い立派な研究をして成果を上げてください。そのためには何もわかっていない上司の私ごときが各研究室の研究の内容については一切口をはさまない。

そのかわり、私には研究費も一切ないにも等しい。環境について本ぐらい読みたい。私の考えたことをまとめたい。そのためには私のヘタな読めない字をワープロで入力したり、グラフを書いたりする、女性のアルバイト

を一人つけてほしい。そのためには、各研究室の研究費をうすくカンナをかけさせて下さい。そのカンナクズで本を買い、専属のアルバイトを一人雇いたい。

創設されたばかりの環境部長ということなので各室の研究成果をホッチキスでたばね、その前書きで私の環境論の思いをのせたい。そうすればすぐに立派な建設環境論『実務者のための建設環境技術』という本が出版できる。そのことだけは協力してほしいと申し入れました。

私の環境論は多くの環境学者が生態ピラミッドの頂点の鷲や鷹が大切だといっていることに対し、反対に生態ピラミッドの頂点などに着目せずに生態ピラミッドの底辺こそ着目するべきであると言った。土木工事をするときには、表土を大切にし、巻きださず、大切

にし工事が終わればそれを表面に復元しさえすればいずれ元の生態に復元するという趣旨です。表土に含まれている土壌菌や埋土種子を大切にするべきだという意味は、底辺のそれらが保存されれば頂点は保存され、反対に頂点ばかりに着目し底辺の土壌菌や埋土種子が無くなれば、いずれ頂点も存在できなくなるという論でした。

大阪の箕面は日本三大昆虫採集地になっており、京都の貴船、東京の高尾山と並ぶ大都市近郊の豊かな生態環境地です。そこに箕面ダム計画が出てきました。表土を巻きださず、大切にし、それを工事後復元してやればすぐに良くなると指導しました。箕面ダムは土木工事で初めて環境賞を授与されました。その後も土木事業で環境賞を受賞したとは聞いていません。環境論者が生態ピラミッドの頂点の鷲や鷹が大切でそれを守れ、という、そうではなく、生態ピラミッド底辺の方がもっと大切である。逆が正しい。底辺が損なわれると、いずれ頂点も損なわれる。一方底辺が守られていると、頂点

金字塔環境賞　平成5年6月

箕面川ダム　昭和47年着工～57年完成

はおのずから守られるということを具現化した結果でした。全国各地のダム湖が鳥獣保護区に指定されている。（下表参照）

8．東洋の智慧・仏教と神道

環境論の書物で気になる本を手当たり次第に沢山買って広い部長室にこもり一人で静かに読んでいました。すると気になることが1～2行書いてある本にいくつか出合います。近藤次郎の「環境科学」の本もその一冊です。

要は東洋の哲学に環境のことがいくつも出てくるという解説です。

中村 元著
佛教語大辞典
縮刷版
東京書籍

そこで、東洋の哲学と言えば仏教であると思いあたりました。

よし環境を理解するためにまず手始めにお経の事を学ぼうと、お経の本を購入しました。

東洋の哲学とは仏教。お経の事です。お経には般若心経や法華経とか実にたくさんのお経があります。それらを一

地域別	ダム湖	事　例（鳥獣保護区名）
北海道	9	糖平湖 かなやま湖 シューパロ湖 亀田川水源地 etc.
東 北	12	美山湖 田瀬湖 湯田湖 花山 大倉ダム etc.
関 東	8	丹沢湖 津久井 etc.
北 陸	1	山中温泉 etc.
中 部	3	奥野ダム 田貫湖 君ヶ野ダム etc.
近 畿	7	犬上ダム 野鳥の森芹川ダム 平荘湖 引原 etc.
中 国	8	大原湖 美弥ダム 菅野湖 旭川湖 豊田湖 etc.
四 国	6	黒瀬ダム 玉川ダム 鹿野川ダム 須賀川ダム etc.
九 州	27	永川ダム 市房ダム 北川ダム 日向神 etc.

神道の世界　薗田稔

つ一つ読んでいたら、墓場までの限られた時間に間に会いません。一般向けのお経の解説書を何冊か読んだのですが、どうにも回りくどく、真髄を理解するには適当ではありません。仏教用語を一番厳密に、小難しく専門家向けに書かれた『仏教語大辞典』を徹底的に読むほうが遥かに早いのではと考えたわけです。仏教の辞典の中で最も詳しそうな、大きくて重い中村元先生の『仏教語大辞典』をカバンに入れ毎日持ち歩き、寝ても覚めてもお経に書かれていることは何を意味しているのか考えました。色即是空とは「色」は現象界であり、「空」とは変化してやまないことを言っているという。環境論そのものではないかと得心しました。

仏教は宗教だという人がいますが、私はそうではなく科学哲学であると確信するに至りました。仏教は宗教の部分と科学哲学の部分があります。お経を唱えなさい、すると救われるというあたりは宗教ですが、その手前での因果の道理などはどういう原因でどういう

Amazon.com
http://www.amazon.co.jp/広説－佛教語大辞典－縮版－中村/dp/4487731747/

鬼五訓

一、闇に潜み　超越的な力の象徴
大自然の本質的なはたらき　力の発現
力つよきもの
それが鬼なり

二、何ものにも　従わなかった　荒ぶるもの
善悪を超えた　すさまじき風貌の
おそろしきもの
それが鬼なり

三、多くの民の権威への　反逆として託した
夢の存在　人間のよわき心のささえ
心やさしきもの
それが鬼なり

四、森羅万象にやどる　神仏の化身
そこに　人間の真実の心がやどる
美しきもの
それが鬼なり

五、時空間の間を　千変万化にて　自由自在に
往来し　人々との間に繰り広げる
ロマン一杯の物語
それが鬼なり

結果になるのかとか、等々を考え極めています。この部分はまさに科学哲学です。仏教はすべてのものごとには裏と表の表裏二面性があるといっています。

仏教を学べばいろいろなことが分かってまいりました。仏教には実に多くの数字が出てまいります。いろいろ分類して数えているのです。

人間は何故悩むのか、人間は何故悪いことをするのか、その原因はいくつあるのかと数えています。仏教はいろいろな物事を分類し名前を付けて数えているのです。名数化、と言います。名数化して物事の全体を体系化しているのです。

東洋の哲学としては仏教とともに神道・惟神の道が大切で分からなくてはなりません。神道の第一人者の薗田稔先生の神道学辞典を読めば神様のこと「たたり」のこと鬼のことがよくわかって参ります。

	荒野地帯 砂漠地帯	モンスーン地帯
自然	ヒースの原野 黄土と飛砂 （黄色〜灰色）	広葉樹林 （緑色）
人工	緑化林 （緑色）	表土とコンクリート （黄色〜灰色）
世界観	「進展」の思想 世界は「有限」であり、始まりと終わりがある （直線的・進展の世界観）	「輪廻」の思想 世界は「永遠」に続き流転を続ける （円環的・循環の世界観）

私の友達が秩父で現場の所長をしていた時のことです。その方から秩父神社の宮司さんで薗田稔さんという神道の大変偉い先生が「柞（ははそ）の杜」という秩父神社の機関誌に私の事を書いていると言って送ってくれた。薗田先生は神道学の第一人者で京大の教授をしておられた。私は畏れ多くも直にお会いして、私の八百万の神々論をお話しさせていただきましたが、その過程で、私の神論や祟り論に自信を持つことができました。日本の惟神の道の多神教と西洋のキリスト教やイスラム教の一神教の自然観とは全く違うのです。多神教の自然観は科学技術が次々明らかにするものと一致しますが。一神教の自然観は科学技術が次々明らかにするものとは一致しません。どんどん化けの皮が剥げていくようです。

次にどうも自然とNATUREとは相当概念が違うと感じ

神の存在	神は人間を超越 （一神教） 宇宙を創造して支配する 全知全能の存在	（多神教） 自然の中に神が宿る 八百万の神々
生物観	万物の霊長（人類） 動物愛護 ・神聖な動物○○ ・不浄な動物○○ ・神が人間の食料として与えてくれた動物	一切衆生 悉有仏性 ・一木一草に仏性あり ・一寸の虫にも五分の魂 ・生命にはかけがえのない尊厳と価値がある ・生類憐れみの令
宗教	マホメット教 キリスト教	仏教 儒教

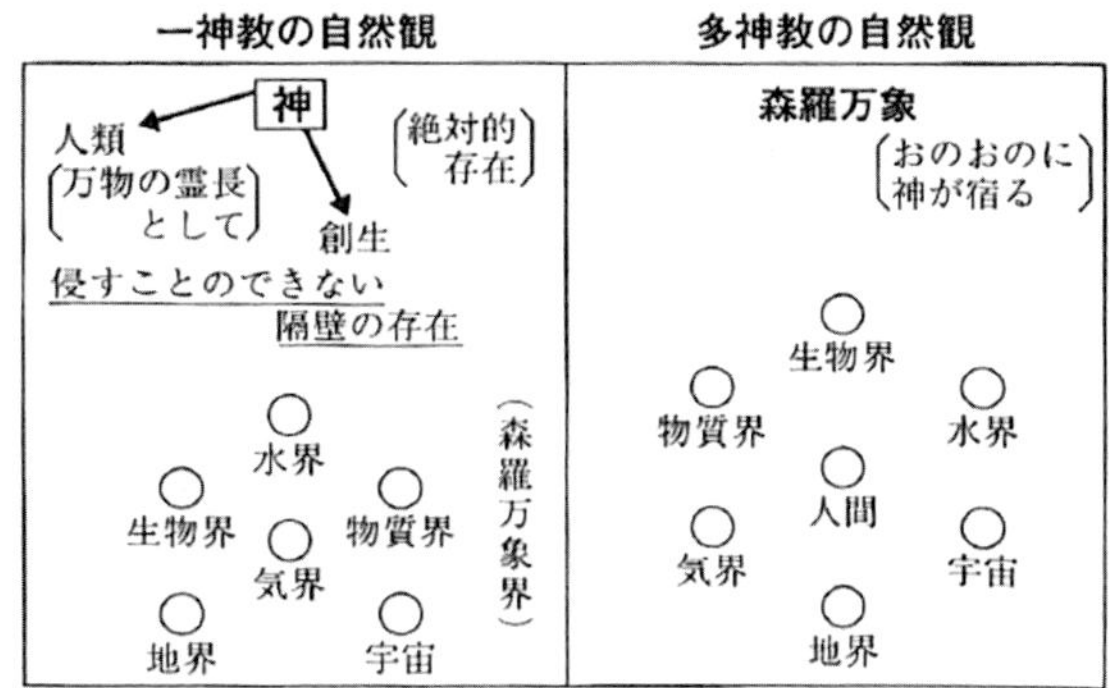

ていましたのでTHE・OXFORD・ENGLISH・DICTIONARY・SECOND・EDITION１９８９でNATUREを引きますと10数ページにわたり、15の意味が書かれていて、細分すると36に分かれていました。その中には大砲とか精子とか月経とか女性の外陰部とか人間文明などがありました。大砲や文明が何故自然なのか、正反対の概念ではないか。しかし緑の森は英語でもNATUREと言っています。西洋の森の緑は人間が砂漠に水路を作り水を与え続けなければ枯れてしまう。日本は手を加えなければ緑の森となるので、NATUREは自然と訳すべきでなくむしろ人工と訳すべきでしょう。明治維新の時に一番最初にできた英和辞書にはNATUREは造物者の力、と訳されており、自然と訳しておりません。そのあとの西洋かぶれの福沢諭吉等

仏教と自然科学（その１）

○Natureは自然にあらず。人口
○色即是空・空即是色
○六因四縁五果
○十二支縁起
○十如是・四種求・五種比量
○五蘊思想・六根・六識・六境

仏教と自然科学（その2）

○七難三毒二求と惟神の道
○有情世間と器世間と四苦八苦
○五明・三玄と六相圓融
○四法界・十玄門（華厳の智慧）
○四諦と八正道

がNATUREを自然と誤訳してしまったのであり、西周の英訳のほうが正しく訳しています。カントの言葉に「自然の歴史は悪から始まる。なぜならそれは人間の作品だから」と言っています。

そんなことで仏教は自然科学だという事で①NATUREは自然にあらず。人工②色即是空・空即是色③六因四縁五果④十二支縁起⑤十如是・四種求・五種比量⑥五蘊思想・六根・六識・六境⑦七難三毒二求と惟神の道⑧有情世間と器世間と四苦八苦⑨五明・三玄と六相圓融⑩四法界・十玄門（華厳の智慧）⑪四諦・八正道。等をまとめて『建設環境工学の体系化』ホリスティック建設環境パラダイムと題して未定稿の形でまとめることができました。

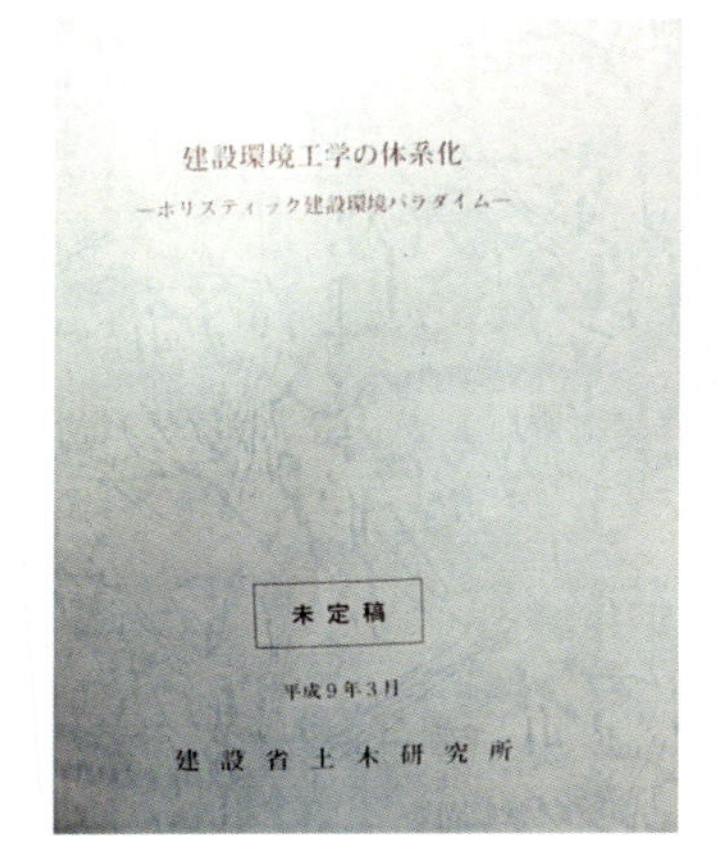
建設環境工学の体系化
―ホリスティック建設環境パラダイム―

未定稿

平成9年3月

建設省土木研究所

東洋の知恵の環境学
環境と風土を考える新しい視点
竹林征三
Seizo Takebayashi
地球にやさしい仏教の哲学！
錯綜した環境問題を解くカギを求めて――
日本独自の保全・保護・創生を説く。
ビジネス社

紀伊国屋書店や八重洲ブックセンターで船井幸雄コーナーをできるほど次々に多くのベストセラーを出している経営コンサルタントで経営の神様と言われている船井幸雄さんに私がまとめた仏教の環境学の話をしたら、これはスゴイと太鼓判を押されて、自分が懇意

佐佐木　綱先生

にしている「ビジネス社」から出版しなさいと進言を受けました。そこで、私がまとめた未定稿のものを再編集して『東洋の知恵の環境学』を出版しました。大ベストセラーを次々出版した船井教の教祖といわれた方の太鼓判を押されたこの出版でしたが結果論として余り売れませんでした。

編集長の言では「やはり少し理屈ッポイのかもしれない。今の世の中、難しい本はダメなようだ。これからは単純な大衆迎合する内容でなければ駄目なようだ」と言われた。このように、お経を勉強していると全ての裏と表の二面性があることがよくわかってくる。

9. 風土とは・美とは・個とは

それにしても、環境と風土の違いがわからない状態が続

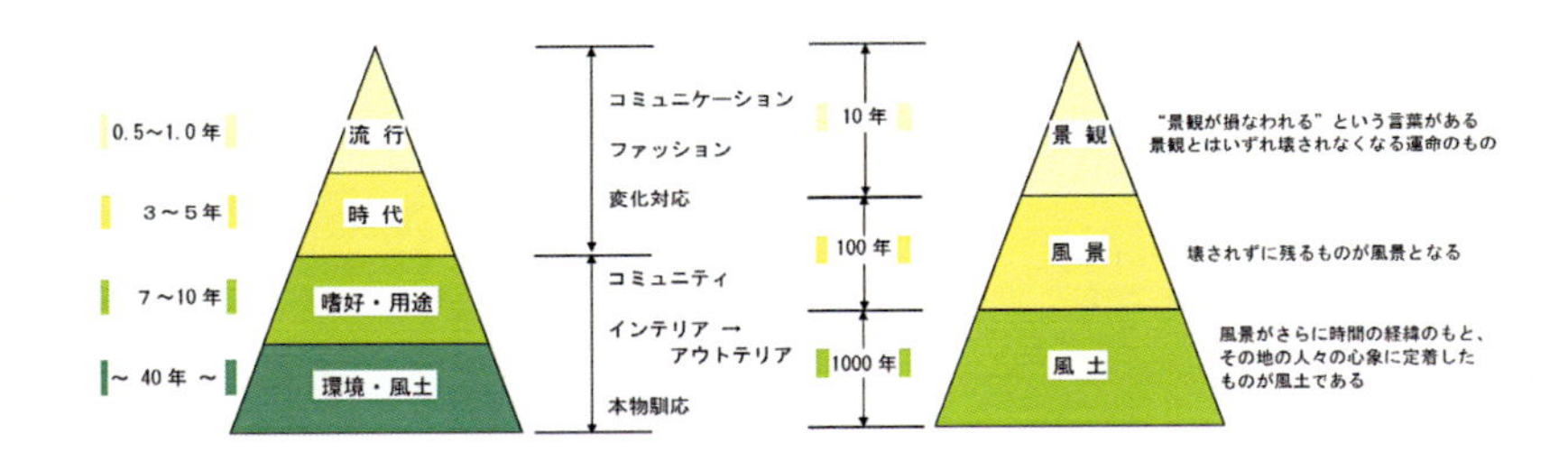

きました。それに美とは何か、美学もマスターしなければならない。なによりも私共が学校教育でおしえられた科学は正しい、絶対だと信じさせられてきた科学教という宗教は本当に正しいのかどうか知らねばと、次々わきでる疑問を解明していかなければと読書三昧の日々がつづきました。

その際、風土工学構築には仏教の科学手法がきわめて有効でした。しかし、まだ風土工学は構築できておりませんでした。風土を設計するには風土の構造が分からなければなりません。美しいものを設計するには美の構造が分からなければできません。誇りうるアイデンティティのあるものを設計するにはアイデンティティの構造が分

感性工学と風土工学

	感性工学	風土工学
対象	商品	土木事業
対象とする人間	特定の部品集団	不特定多数 総合集団
時間スケール	商品寿命 1世代以内	数世代
空間スケール	ヒューマンスケール以下	ローカルスケール
デザインコンセプト	与件	抽出が難しい
感性と機能	感性設計が機能設計より大きなウェイトを占めるケースもある	昨日設計があくまでも主 感性設計はあくまでも従 （大きな付加価値）

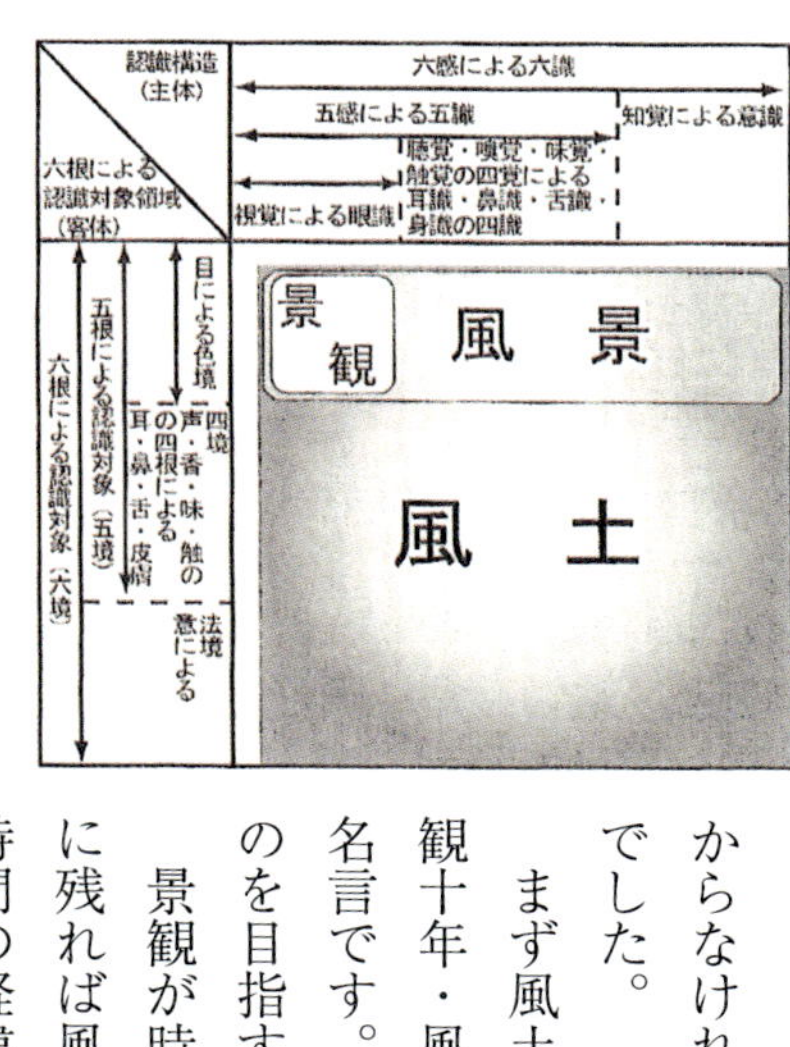

からなければなりません。まだまだ道半ば、手さぐり状態でした。

まず風土の構造ですが、土木の鬼才・佐佐木綱先生が「景観十年・風景百年・風土千年」と言っておられた。まさに名言です。景観が損なわれるという。損なわれる運命のものを目指す馬鹿があるか？

景観が時間の経過のもとに残れば風景になり、更に時間の経緯のもとに人々の心象に溶け込めば風土となるという、土木は流行を追うものではなく国家百年の計で設計すべきです。景観設計など浅はかなものを目指すのではなく本物を目指すものでなくてはなりません。

感性工学はデザイン対象は商品で特定部分集団の人間を対象にしています。若者の感性に合う商品だとか、お年寄りに馴染む商品をつくる。時間スケールは商品の寿命一世

価値・秩序等意義を見つけ出す好奇心

意味が隠されていて一見無秩序なもの → 秩序の発見 価値の発掘 → 価値が高い生産性ある秩序ある体系

目を向ける対象 Attention → 興味を引く対象 Interest → 欲望をおこさせる対象 Desire → 行動をおこさせる対象 Action

無意味な世界 → 意義・価値・創作 → 意義のある極めて価値ある世界

意味があるように思えてくる能力

「風土文化」と「感性」の持つ高い生産性ベクトル

代限りです。空間スケールはヒューマンスケール以下です。デザインコンセプトは若い女の子に似合うものというように与件されます。一方、風土工学の対象は土木事業です。対象は不特定多数総合集団です。時間スケールは数世代で空間スケールはローカルスケールです。デザインコンセプトは抽出が難しく、若者は何を考えているのかわからない。感性工学は成立しても風土工学は簡単ではないと悩みました。

然し、風土文化と感性とはその効用機能、研磨性、方向ベクトル、推進力、生産性等すべてにおいて同じ性質を持っていることに気がつきました。感性工学が成り立つなら、風土工学も成り立つのだと。

そこで風土の構造なのですが風土とは漢字では「風」と「土」ですが、物理的な風ではなく、風は漢和辞典を調べれば分かるしように、「風」は帝王が中心にいて、

	風土文化	感性
効用と機能	人間の生存と生活（地域社会）のきびしさをやわらげローカル・アイデンティティを形成さす働きを持つ	論理的思考の硬さをほぐし精神を深化させる働きを持つ
研磨性	文化Cultureの語源は耕すCultivateである	「感性を磨く」というように研磨の対象
方向ベクトル	極めて低いレベルから極めて高いレベルまでプラス評価のみの一方向性のベクトルを持つ	
推進力とその差異	地域を愛する心と知性とその豊かさ	感じ取る力とその幅
	〈意義を見つけ出す好奇心〉 〈意義があるように思えてくる能力〉 思考力・洞察力・観察力・発想力・直観力 分析力・判断力・識別力・連想力・注意力	
生産性（創造性）	生産性を持つ地域の個性	生産性を持つ心の働き

風土の「風」の概念

風土は「風」と「土」である。
「風」は藤堂明保の大漢和辞典によれば、

名詞①ゆれ動く空気の流れ、八風（季節ごとの風）
②ゆれる世の中の動き、風潮
③姿や人から発して人心を動かすもの、風采、風格
④そこはかとなく漂う趣、景色、ほのかな味わい、風光、風味
⑤ゆかしい趣、流風余韻、風雅、風流
⑥大気の動き、気温、気圧などの急変によっておこる病気、風邪
⑦ショックによって気のふれる病気
⑧歌声、民謡ふうの歌、転じて、おくにぶり、ある地方のならわし
註　詩経では
詩 ─┬ 風 … 民謡
　　├ 雅 … 都びとの歌
　　└ 頌 … 祭礼の時、祖先の徳をたたえる歌

動詞⑨かぜにふかれる
⑩言葉で人の心を動かす
⑪動物が発情する。さかりがつく

とある、また風土という場合の「土」は「その地域」という意味であろう。

すなわち風土とは地域の持つ①～⑪までの概念ということになる。しかし、ここで風の物理的概念すなわち英語での wind（その風）、breeze（すきま風）、draught（一陣の風）、storm（異風）に相当する①、⑨それにその延長線上の概念の②と、風邪の英語 cold、influenza の概念に、およびその延長線上の概念に相当する⑥、⑦、⑪を除いた概念が風土の概念ではなかろうか。

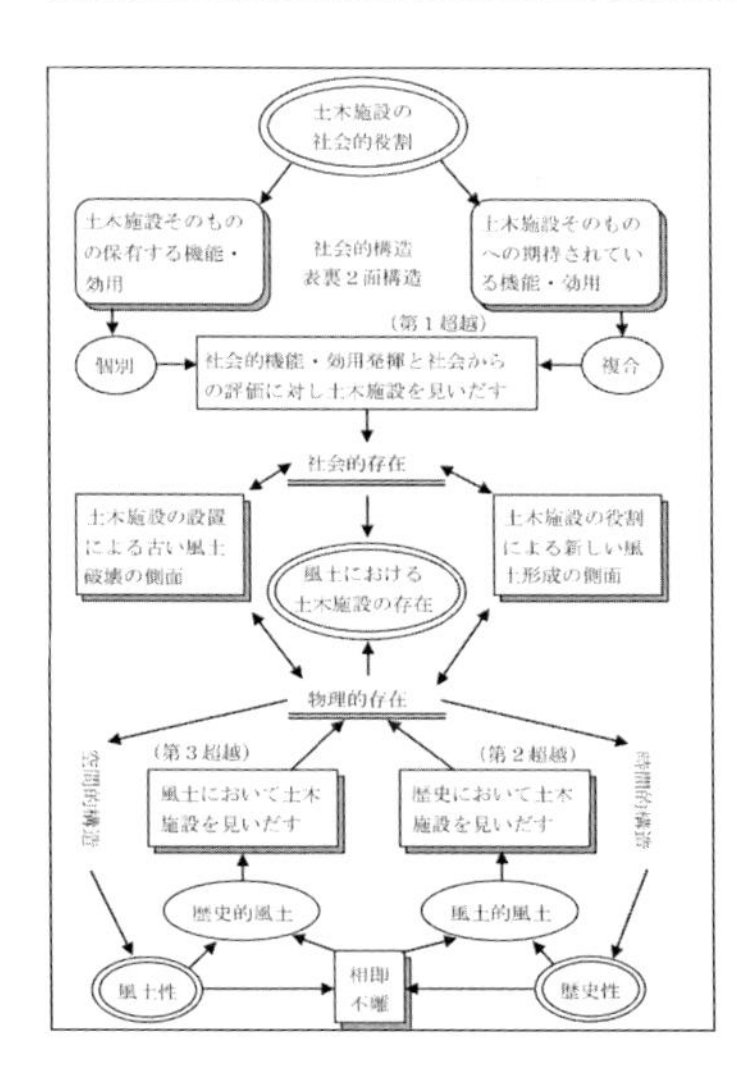

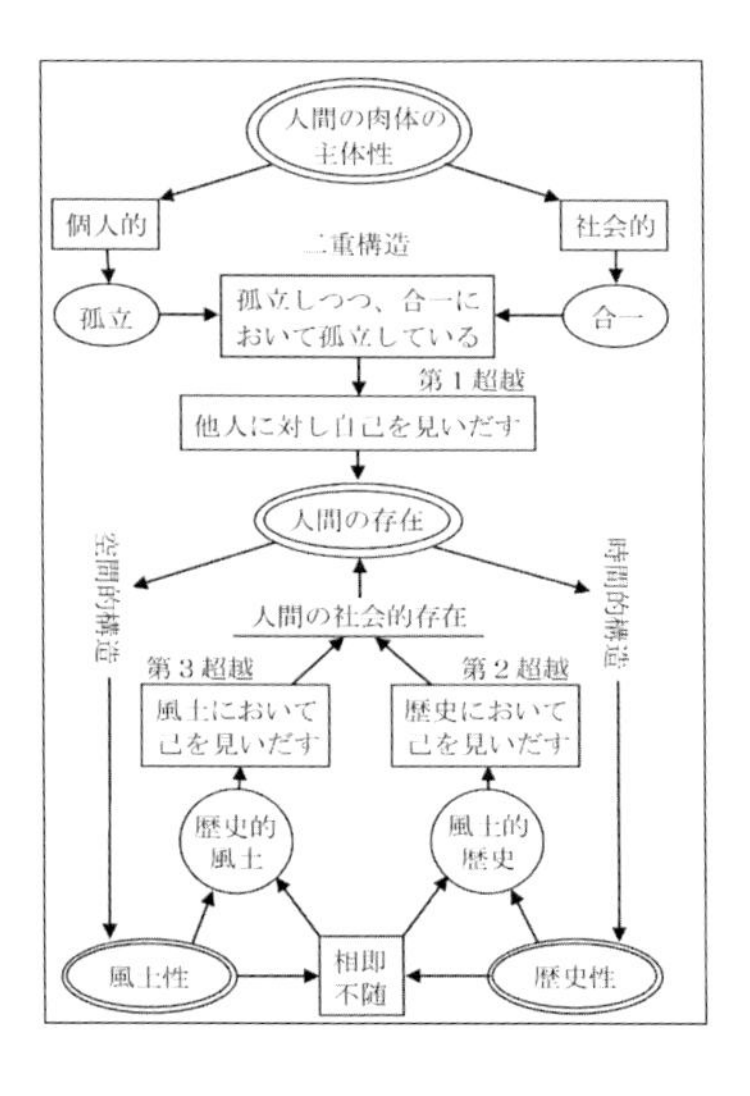

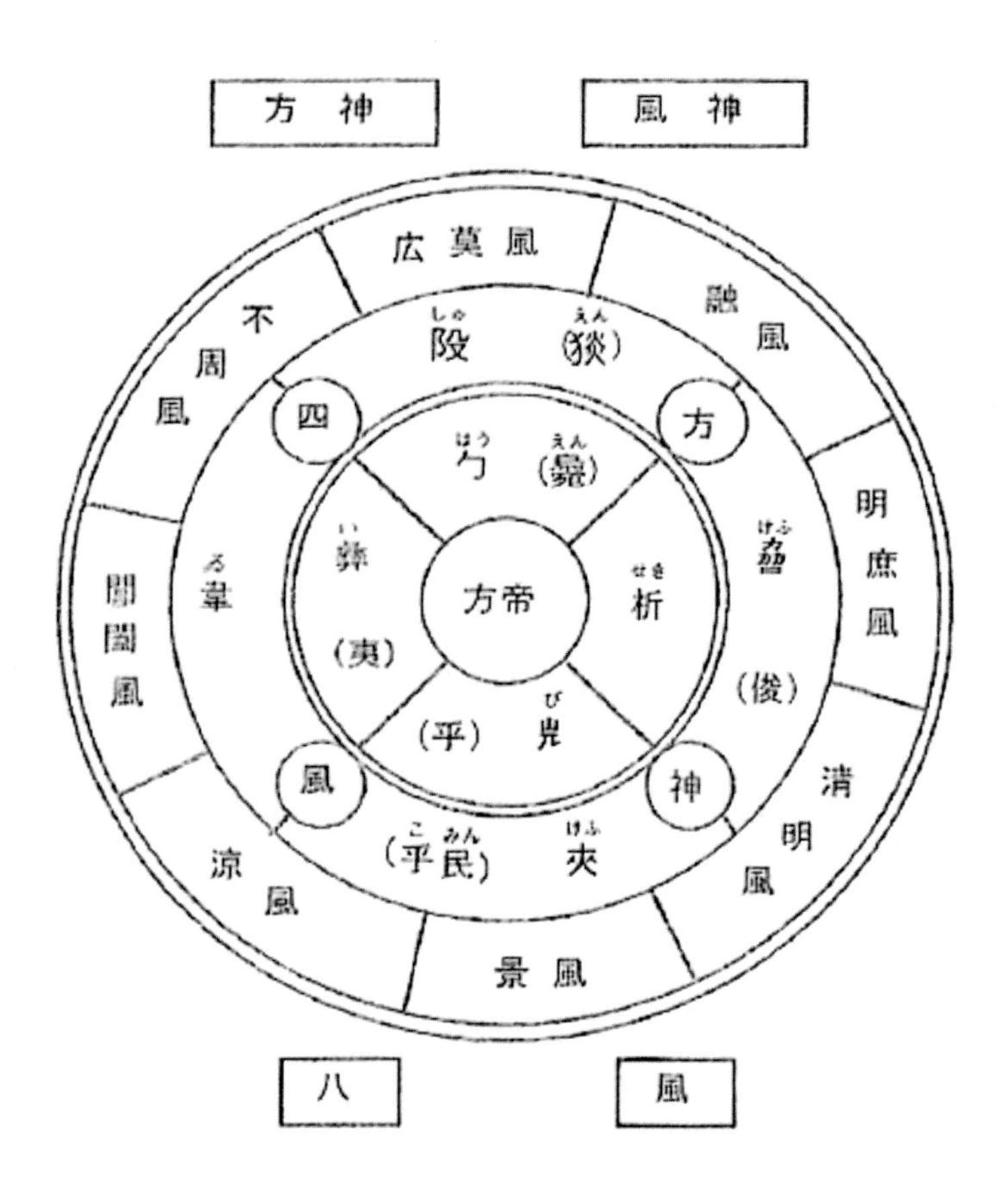

四方風神

美とは？（その１）

甲　金　篆　階

○「羊」と「大」の会意文字。形の良い大きな羊を表わす。
義・善・禅など全て、羊を含むのは周人が羊を最も大切な家畜としたため。
○まるまる太った羊を神のいけにえとした。神が最もよろこぶもの。
「美行」・・・りっぱな行い
「美名」・・・りっぱな評判
「美声」・・・よい評判
「美論」・・・内容の優れた立派な議論

四方八方に文化を広めるという物語です。「土」は地方という概念です。風土の事を一番良く分析した人は和辻哲郎さんです。何故かと言えば風土の概念は英語等にはありません。和辻哲郎さんは人間存在の風土の構造を三超越四要素と解明しました。ようやく風土の構造が分かりました。

次は美の構造です。美とは漢字の概念として神様が喜んでくれるものなのです。美は大きな羊です。神様の大好物です。神様が喜んでくれる美の構造は真善美です。それを展開すれば用強美となります。黄金分割や白銀分割。青銅分割、それに日本人の感性が発見した和室の間取り、四畳半とか六畳の間です。その中に共通する美の法則が隠されていました。それはフィボナッチ数列等です。決して切れ端をつくらない、という事です。又、美の構成原理を筑波大学の三井秀樹さんが美の構成はハーモニー、コントラスト、アイデンティティであり、それはシンメトリー、バランス、

プロポーション、リズム、コンポジションによりなると解明しました。美の構造も分かりました。その次はアイデンティティです。自己の心理学です。自己は実は自分ではよく分かっていないのです。自己と他者の四つの窓にあります。更にアイデンティティの構造はフーテンの寅さんにありました。ご存知のとおり、フーテンの寅さんは四十数巻みな大ヒットしました。相手のマドンナと舞台の地が変われどもそのストーリーは皆同じです。主題

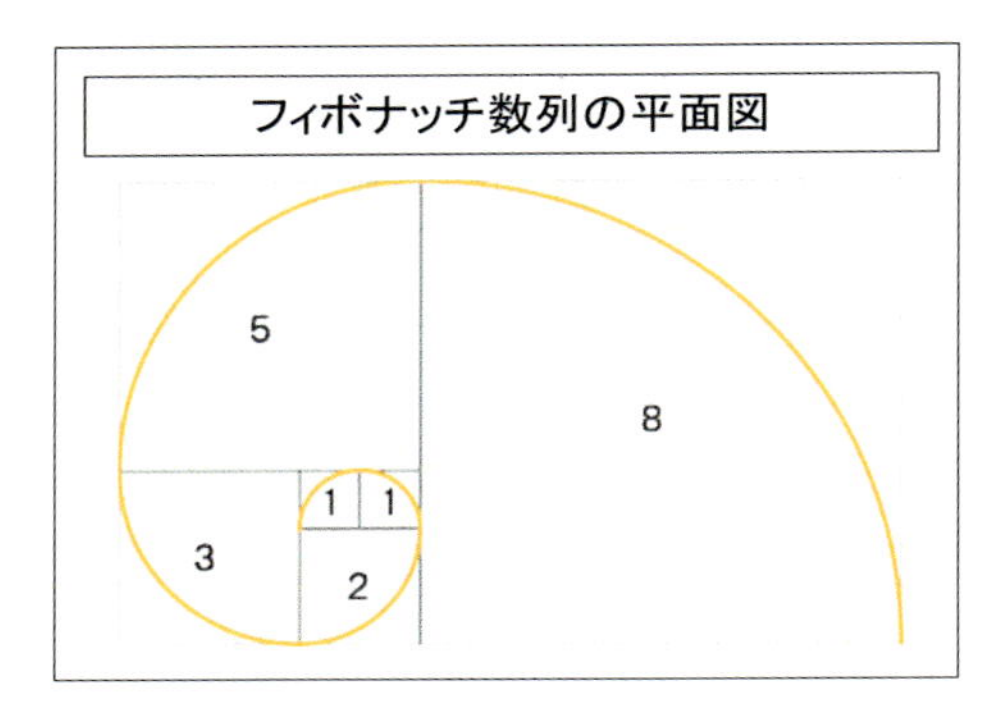

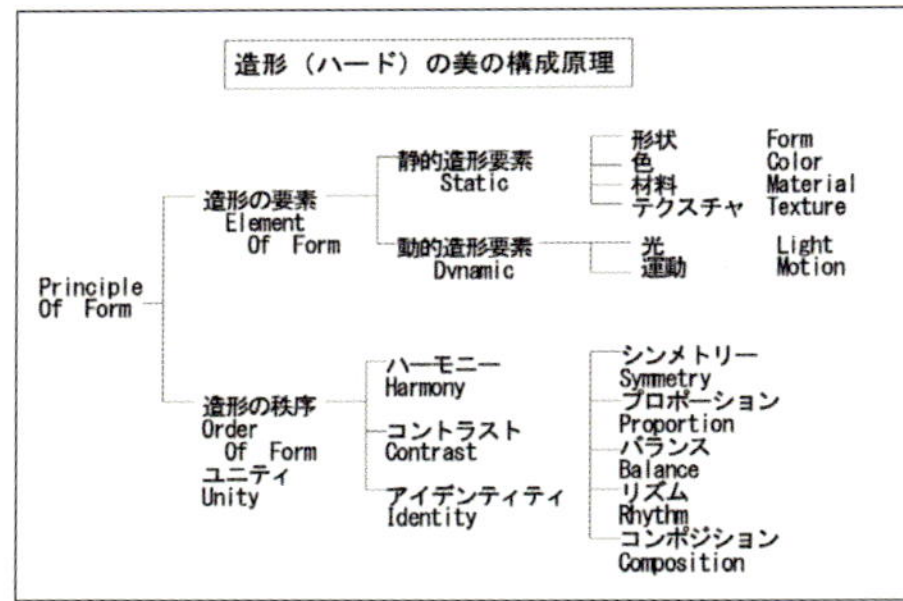

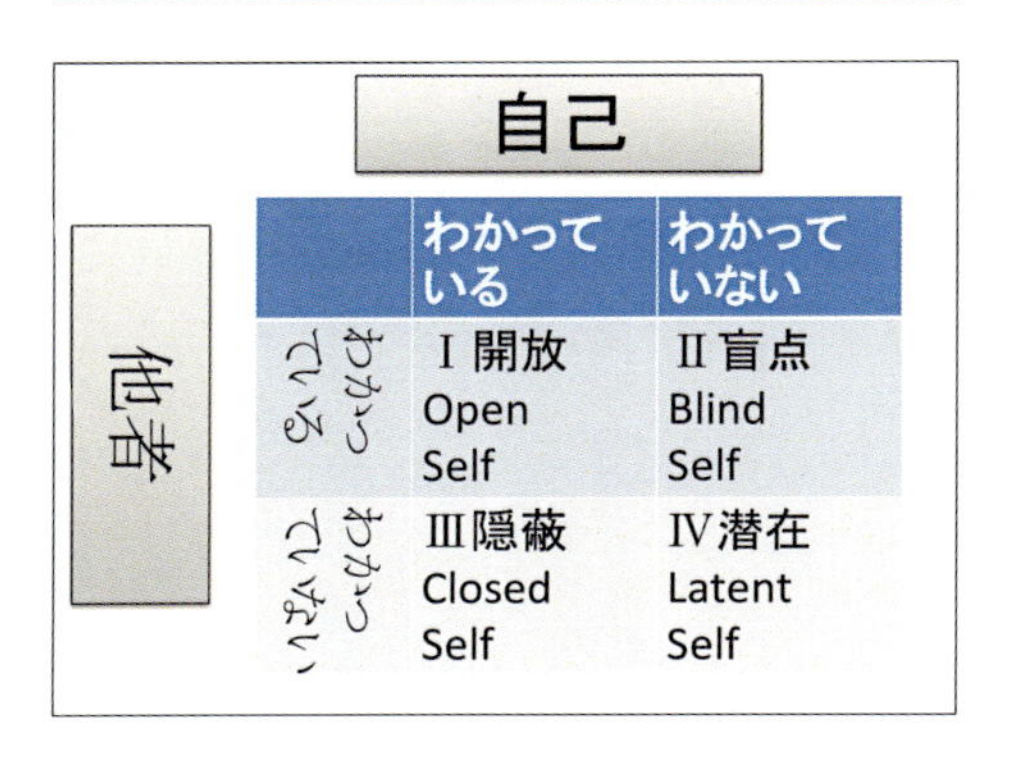

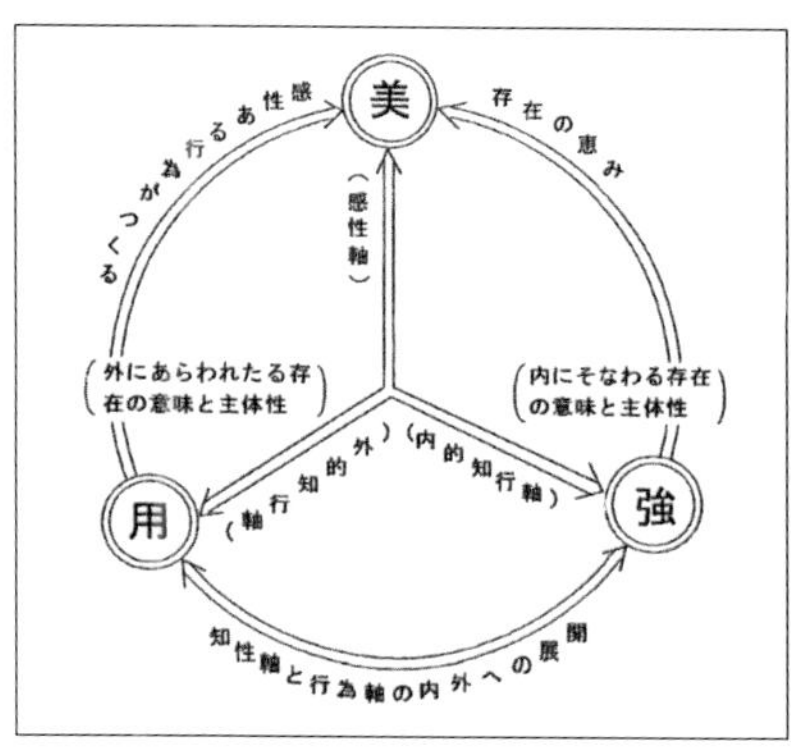

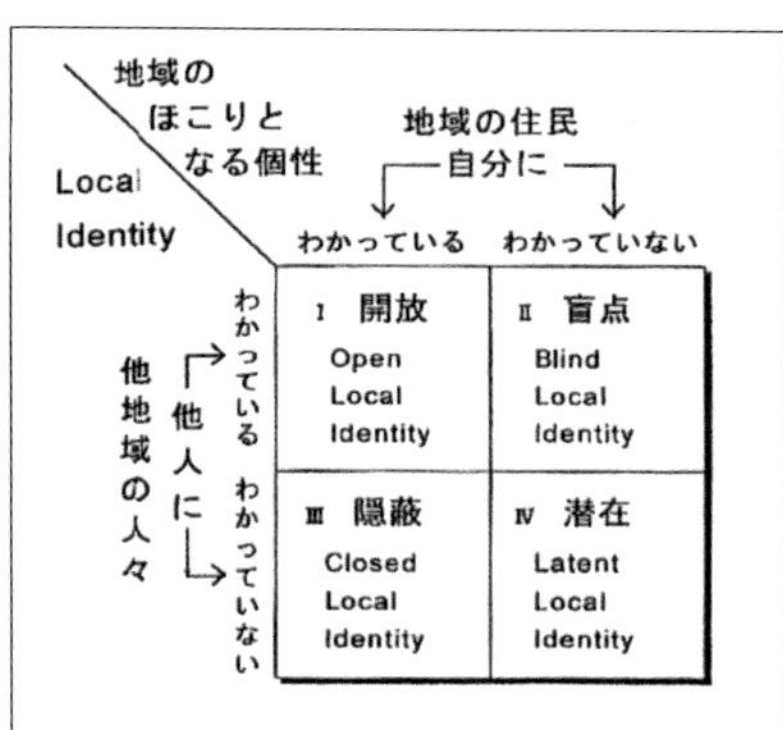

毎日新聞
１９９６年（平成８年）８月９日（金曜日）

寅さんへの恋文だった 主題歌「男はつらいよ」

作詞の星野さん

星野哲郎さん

国民栄誉賞が8日決まった渥美清さん。渥美さんが主演した「男はつらいよ」シリーズの主題歌「男はつらいよ」を作詞したのは、演歌作家の第一人者、星野哲郎さん(70)だった。「車寅次郎そのままのキャラクターを描いた寅さんへの恋文だった。渥美さんはぼくにとって寅さん。その寅さんが死んじゃってすごく寂しい」と嘆いた。

「男はつらいよ」は1968年、フジテレビが連続ドラマとして放映した。星野さんは同テレビのディレクターから電話で作詞を依頼され、ドラマのシナリオを送られた。「物語がどのように展開してもいいように書いてくれ」と注文があった。星野さんは一晩徹夜して、飾らずに率直にキャラクターを描いて郵送した。

翌年封切られた映画にも主題歌はそのまま使われた。妻と2人で正月になると、映画館に足を運んだ。

星野さんは「今思うと、(作詞したのは)えらいことだったんだなと思う。あの渥美さんとつながっていたのかと思うと光栄。寅さんのセリフの面白さをいかして、ほかにLPを作ったが、この歌にはかなわなかった」と振り返った。

レコードの発売はさらに1年遅れて70年、日本クラウンから。当時同社のディレクターだった長田幸治さん(64)＝現同社顧問＝はその約10年前、ようやくテレビ番組に出演するようになった渥美さんの歌の才能を見いだし、同社との専属契約に持ち込んだ。

「喜劇の人の中でも非常に日本的なものがあるが、ハイカラな番組に出ても面白く軽妙。なんか化けるんじゃないか」と直感したという。

私　生まれも育ちも葛飾柴又です
帝釈天でうぶ湯をつかい
姓は車　名は寅次郎
人呼んでフーテンの寅と発します

俺がいたんじゃ　お嫁にゃ行けぬ
わかっちゃいるんだ　妹よ
いつかおまえの　よろこぶような
偉い兄貴になりたくて
奮闘努力の甲斐もなく
今日も涙の　今日も涙の
日が落ちる　日が落ちる

「男はつらいよ」(一部)

歌「男はつらいよ」は寅さんへの恋文だったのです。其の恋文にアイデンティティの構造が出来ているのです。その構造は「姓は車、名は寅次郎、人呼んでフーテンの寅と発します。」は自己の現状についての認識です。そして。最後の偉い兄貴になりたくては、志向的理想的自己像なのです。

10. 風土工学誕生

これで風土工学のすべての構造が解明されました。それを風土をよく調査して、順番に構築していけば風土に馴染む、その地の人々が誇りとなる土木構造物が出来るのです。風土工学は形あるものと形がない名前や物語を同時に作ります。すべての構造は形のあるものと形の無いものとは全く同じ構造です。

従来の土木構造物は設計対象は構造物ですが、風土工学は構造物を取り巻く風土です。意味やイメージや物語です。従来の土木では設計の目的関数は用強ですが、風土工学では用強にさらに風土との調和の美が目的関数です。従来の土木では設計計算はニュートン力学ですが。風土工学では脳と心の科学手法を使います。すると長年頭から離れない、土木施設の名前の付け方や地名由来についてもう一度考えたいと思い、名前のつけ方の本を購入し読み出した。

すると前述した通り、土研の図書館と土研の幹部からお目玉をくらいました。国会図書館の大分室であり、土木の研究に関する本なら何を購入しても良いが、お経の本とかあげ句の果ては赤ちゃんの名前のつけ方とは何か？　何故土木の研究に赤ちゃんの名前のつけ方を研究しなければならないのかときつく申し入れがありました。まさかこれから子供でもつくるのでは？　と思われたのかもしれません。

すると、形あるものの美の法則も形のないものの美の法則も全く同じであることがヒラめきました。形あるものと形のない名前とか意味を同時に設計しないから、心が入ったものづくりが出来ないのだとヒラめいたのです。ようやく、風土工学の誕生である。

この風土工学の方法で実際に作って見せたのが九頭竜川の鳴鹿大堰です。

まず風土工学デザインコンセプトの創出をする。具体的には

(1)六大風土にその地の誇りがある。風土資産の調査

①地圏風土②水圏風土③気圏風土④生類風土⑤歴史文化圏風土⑥活力圏風土

(2)風土資産を価値評価し、代表風土資産を選定する

①名数化評価②独自性、唯一性、優位性　等々評価

(3)代表風土資産の連想構造

その地の人とその他の地の人でアンケートをして、その相違分析から構造図を作成し、

トータルデザインコンセプトを創出する。

連想アンケート結果をマルコフ連鎖の計算をして連想階層構造図をつくる。地元の人の構造図とその地以外の構造図より大きなイメージ構造となるようにコンセプトを創出する。

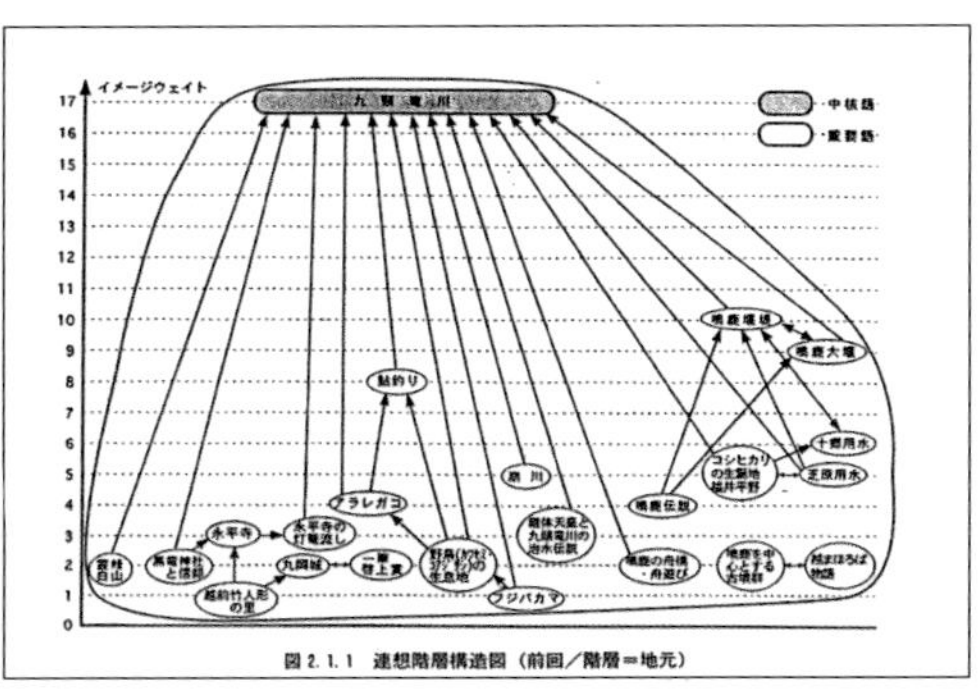

図 2.1.1　連想階層構造図（前回／階層＝地元）

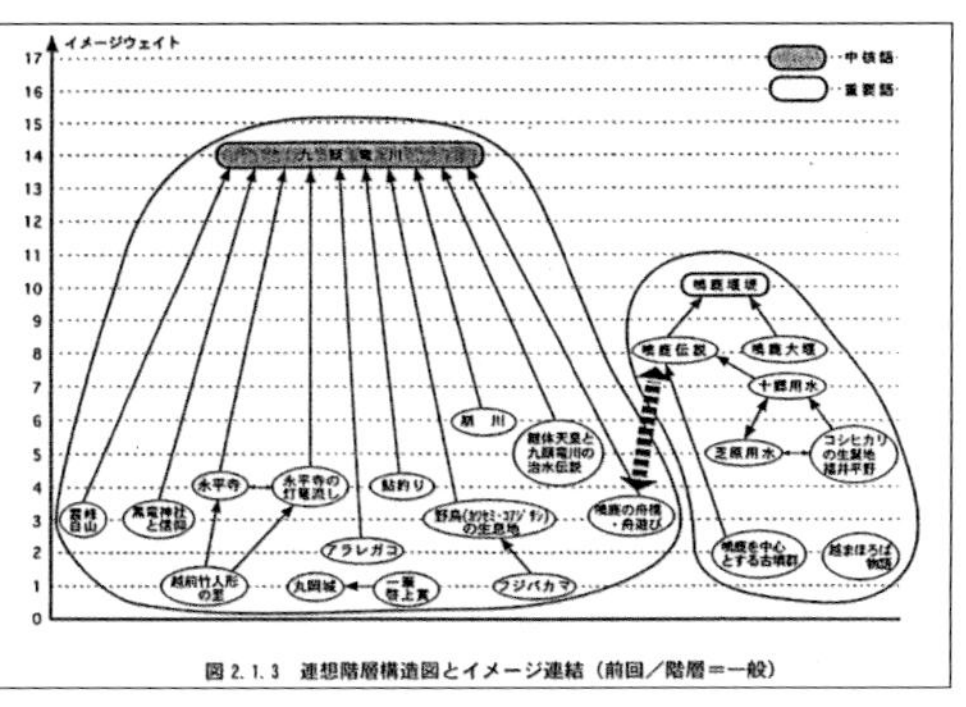

図 2.1.3　連想階層構造図とイメージ連結（前回／階層＝一般）

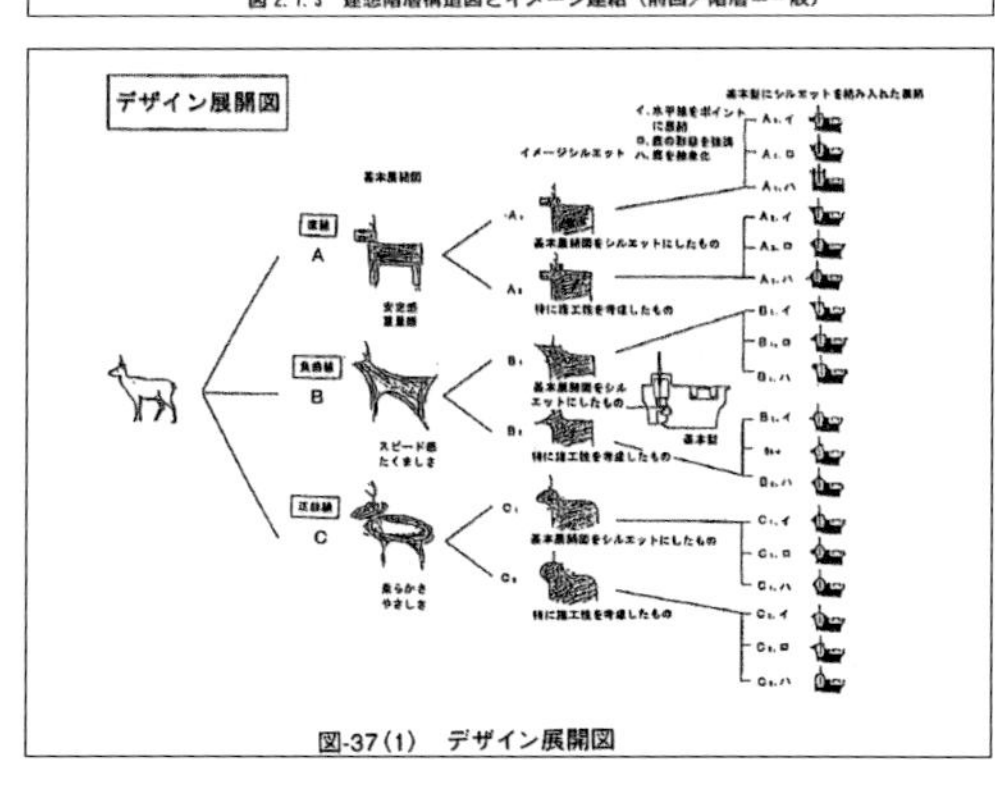

図-37（1）　デザイン展開図

コンセプトを創出しました。

●鳴鹿大堰の事業化＆風土工学デザイン１号

・鳴鹿大堰の堰柱

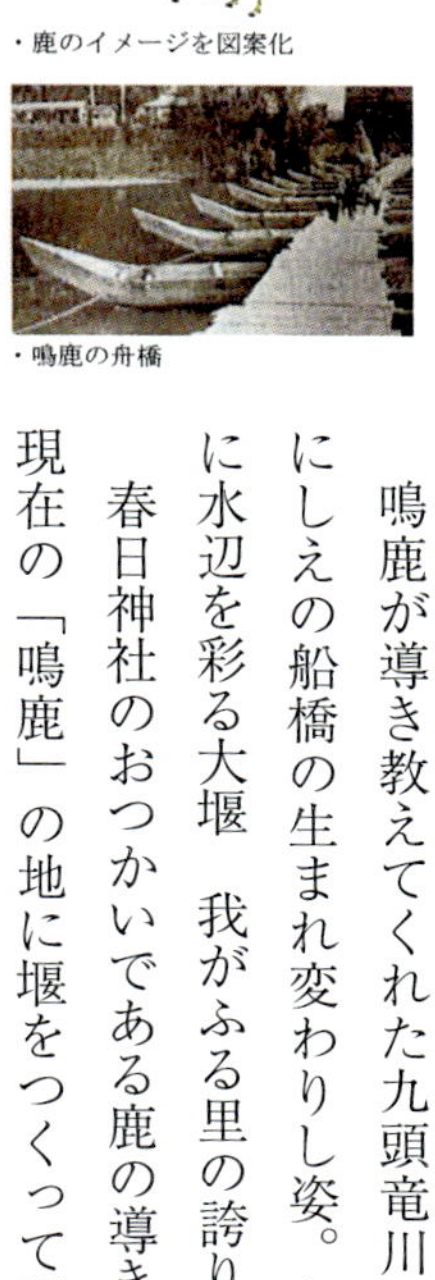
・鹿のイメージを図案化

・鳴鹿の舟橋

鳴鹿が導き教えてくれた九頭竜川の要。いにしえの船橋の生まれ変わりし姿。おだやかに水辺を彩る大堰　我がふる里の誇り。

春日神社のおつかいである鹿の導きのもと、現在の「鳴鹿」の地に堰をつくって用水を引いた（鳴鹿伝説）ことにより、越後平野が拓けたといわれています。鳴鹿の地は越前平野の扇状地の扇頂部にあたり、九頭竜川治水・利水の最大の要の位置そのものなのです。

また、江戸時代、鳴鹿の地は永平寺の門前町として大変栄え、当時は九頭竜川を渡るために、連ねた舟に板を渡した舟橋がつくられていました。

鳴鹿大堰は、いにしえの舟渡を彷彿させる姿で、かつ、鳴鹿伝説の鹿を想わせるたたずまいを水面に映し出しながら、おだやかに治水と利水の要としての役割を果たします。そのコンセプトをデザイン展開します。

11. 科学とはなんなのか?

私どもは科学は正しい、宗教は信じては駄目だという強烈な科学教の教育を受けて育ちました。仏教は非常に科学的ではないか? 一体科学とは何なのでしょうか?

科学は漢字です。その意味することを白川静の『字統』で調べると『科』は稲・穀物を一定量計る器であるとあります。壺に同類項を入れてそれにふさわしい名前を付けることである。という。『学』は屋上に両手を示す臼に入る子弟だという。秘密的な厳しい戒律下の生活がなされた。とある。そうかオーム真理教のサティアンのようなところである。したがって学会とは同じ蛸壺の中の仲良しクラブで異分子が入ってこようものならスクラムを組んで追い出すのである。

漢字の概念は駄目だ。やはり英語の概念でなければという人がいるので、英語の語源を調べた。科学・SCIENCE の語源は SEPARATE ONE THING FROM ANOTHER、CUT、SPLIT とありました。SCIENCE とは連続体に(同類と異類を見分けて)切り目を入れて、壺に入れて、それにふさわしい命名ラベルを貼ること、それをどんどん細分化していくこととありました。漢字も英語も全く同じ語源でした。

従って、科学の弱点と弊害は、壺と壺との〝ハザマ〟が不整合となってしまう。全体が見えない、ことになってしまいます。

科学とは連続体に同類と異類のところを見分け、切れ目を入れどんどん細分化していくのです。物質を細かくすれば分子になり、分子をさらに細かく分ければ原子になり、さらに細かくすれば中性子や素粒子等にわけていくことにより、最先端物理学は大自然を解明してきました。正に科学の方法は混ぜればゴミ、分ければ寳という事です。マグロも分ければ上トロから赤身等に分かれて価値が生まれます。牛肉も分ければロース、サーロイン、からバラ、レバー等に分かれて価値が生まれます。

しかし科学の方法論にも弱点と弊害があります。蛸壺と蛸壺のはざま、全体として見た場合の不都合、不具合は不得意です。リンネは科学の方法論で870万種以上ある生物を次々分類し125万種の生物を分類したのが全生物分類系統樹です。まだ残りの700万種も今後次々分類されていくことでしょう。その結果、人類の進化の過程も分かって来ました。

物事の真理を究める方法は科学以外にないのでしょうか？　目を閉じて静かに考えると突如ひらめき覚醒するのです。弘法大師さんはそのような方法で真理をどんどん極めていかれました。科学の方法では悪魔は悪い。しかし瞑想すれば悪人でも非常に善人の面もあるではないかという真実に気が付く。西洋の悪魔は100パーセント悪ですが、日本の鬼は素晴らしい善の一面と、恐ろしい一面の両面があるのです。最先端物理学の世界で湯川秀樹から多くの日本人がノーベル賞を受けた。西洋の思考法では波動的性質と粒子的性質を両面を持つ存在など考えられないのです。日本人は表裏2面性があることをよく理解しています。科学の方法で大きな成果を上げたものにリンネの生物分類法があります。ドンドン同類項と異類項を細分してゆけば全生物分類系統樹が出来ました。最近の遺伝子学の進歩で次々新しいことが解き明かされてきましたが、リンネの分類が殆ど正しい事の追体

真実を極める方法論

○科学…壺学
①同類と異類の仕分け。どこが同じでどこが違うか
②同類を一つの壺に入れ、それにふさわしい名前、ラベルを付ける
○瞑想…目を閉じて静かに考える。ひらめく。覚醒。波動的性質と粒子的性質を合わせ持つもの何だろう…最先端物理学・湯川秀樹
○仏教…空海

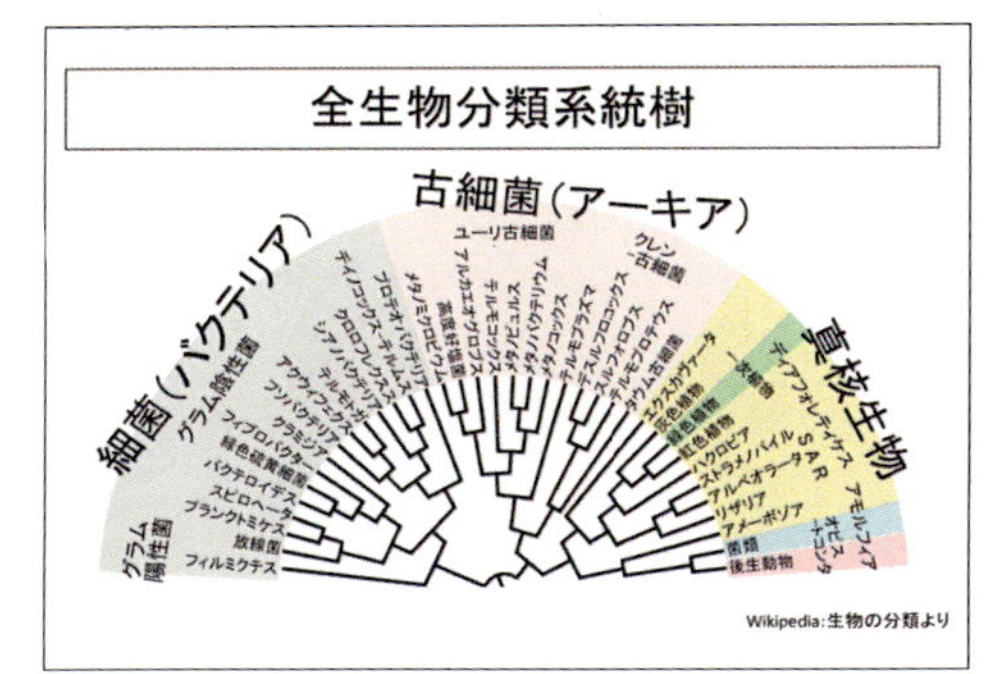

生物分類学

和名	英名	ラテン語	例ヒト
ドメイン	domain	Region	真核生物
界	kingdom	regum	動物界
門	division	divisio	脊椎動物門
網	class	classis	哺乳類
目	order	ordo	サル目
科	family	familia	ヒト科
属	genus	genus	ヒト属
種	species	species	H.Spiens

験でした。

科学とは全て連続体であるものに切れ目を入れて命名することであることがわかってきました。

12. はたして誰が風土工学を認めてくれるであろうか

土研の環境部長に移ってから、大学の何人もの先生からドクターを早く書けと言われて、大概の論文のシナリオからテーマによっては内身も相当書き終わったテーマもありましたが、環境部に移って仏教・お経の勉強しているうちにドンドン時間が経って、その内『東洋の知恵の環境学』がまとまりました。又「仏教哲学」のヒラメキでこれまでバラバラにやってきた形あるものの設計と形のないものの設計を同時にすることとその方法論は全く同じだと気付き『風土工学』の大系がまとまってきたわけです。

これまでの大学の先生からいわれていたテーマなど全く面白くない、「お経の環境学」と「風土工学」の方がはるかに面白い。私らしい博士論文が出来たと思いました。実は風土工学を構築したのですが、果たして誰が理解してくれるでしょうか。私はそろそろ、最短で公務員を退職しなければならないようなムードの中で、少々あせりがでてきました。

私の事を心配してくれている先輩が、チクリンそろそろ博士論文でもとっておけよとアドバイスしてくれていました。何もこれからの人生荷物になるものではない、と言ってくれましたが、何人かから言われた事はお経、ばかり勉強しているが、チクリン、これから坊主になるのか？　と。

「とんでもない、私のような雑念が多い人間が坊主になれるわけがない」。人の何十倍も修行を重ねなければ到底坊主にはなれません。長年、科学教という邪教？　の信者であった身であります。

私は実は5つのドクター論文が進行していました。大学の先生が竹林は良い研究しているからそれをまとめればすぐにドクターを与えるよと言ってくださったからです。落下水膜の水理学、土砂水理学、基礎岩盤のグラウチング、コンクリートの合理化施工、治水のコスト・ベネフィット論ですが、すべて7～8割出来ていましたが、どんどん立場が変わり、部下に手伝ってもらいにくくなってきていました。私は計算機やパソコンもしませんので誰かに手伝ってもらわなくては出来ません。そこで頭の中で構築したのが「お経の環境学」と「風土工学」です。

しかし、この2つのテーマでは京大の先生の顔を思い出しても誰も引き受けてくれそうに思えませんでした。東大の名誉教授の先生は、京大卒なので京大の先生にお世話になるのが筋だ、いなければ面倒みても良いと言われました。そこで、感性工学を構築した文学博士の長町三生先生に相談することにしました。長町三生先生は両方とも大変良いが、どちらかと言えば風土工学の方が将来の発展性が大きい。京大の先生がダメならいつでも引き受けると言ってくれました。

京大の先生の中で一番気安く相談にのってくれる先生に相談したら、『お経の環境学』だとか『風土工学』などという海のものとも山のものとも、分けのわからないこんなテーマでは誰も引き受けてくれる先生などいないだろう。これまで良い研究を沢山して来たではないか、こんなことで時間をとらずに私が面倒を見ると言っているダムの堆砂の方が7～8割できているではないか。そちらを早くまとめろと反対に叱られてしまいました。いや、京大がダメなら東大の先生がいつでも面倒を見ると言っている。広島大学の長町先生もいつでもOKだと言っている。京大土木を敵に回すのか！　そんなことでまた新たな悩みが深まってきたのです。

13．佐佐木綱先生がいるではないか

そんな時にふと思い出したのは、佐佐木綱先生。京大を退官されて近大の先生をやっておられた。佐佐木綱先生は交通工学での単位はとっているが、ほとんど卒業後に係わりがありませんでした。佐佐木綱先生に意を決してTELしたら、すぐに相談にのるから京都

へ出てこいという。京都駅前の京阪ホテルのロビーで少し内容を話したら、自分の夢の風土工学がやっと誕生したと言って、飛び上がって喜んでくれた。

「自分は京大を退官したので面倒見ることは出来ないが、自分のような先生は誰もいないか、自分の後任の飯田恭敬先生に、私からのお願いと言えば面倒を見てくれるだろう。このままでいいから最短で博士号を与えよと話をする」という。

それから京阪ホテルで一杯のみ、ようやく自分の夢が実現したのです。先生は、近大に移ってから自分の研究室の名前は正式な看板はかけていないが「風土工学研究室」と称していたことや、自分の研究室の学生には就職試験の面接の時には風土工学研究室など絶対に言ってはダメだぞ。絶対に入社試験に落ちるからどこの会社も採用してくれないだろう、など楽しそうに言っておられました。

そんなことで飯田恭敬先生のところへ説明しに行くことになりました。飯田恭敬先生は佐佐木綱先生からの命令なので手ぎわがよかった。

①そもそも博士号の審査指導する教授にとってはつまらない内容のものはその先生の評価にもなる。

②教授会の中で1人でも反対票を出されると授与できない。反対する者はその理由を文章で出さなくてはならない。白票は文章を出さなくても良い。白票は実質的に反対票である。

「技術」から「知敬訓道」への原点回帰（その１）

技術

手をたくみに動かし、ものづくりのすべ

「術」は忍術、妖術、魔術、奇術、錬金術、催眠術、降神術、幻術、呪術、詭術、よからぬ意図が見え隠れする“すべ”

Engineering

generare生む、人間に都合のよいものを生む術

Technology

テクニックを駆使して要領よくものづくりをす“わざ”

③反対票を出す事は教授間同士のしこりが残る

④従って、提出された論文は基本的に合格することになる。

⑤そこであみ出されたのが学会誌の論文集に審査付論文を３本以上出している事ということにしたようである

⑥スタップ細胞の小保方論文事件で注目をあびたが、盗作とかデータの偽造等がきびしく審査されることとなる

⑦従って既往研究ではここまでわかったがその先の所を自分がやったと書かなければならない

一通りの説明が終わったら、これの論文提出には工夫が必要である事と、自分１人では荷が重いので建築工学科の宗本順三先生と２人で引き受ける。窓口は全て飯田先生が引き受けるということに即決してくれました。「しかし竹林、自分は良いとしても他に竹林の論文を面倒見るといっておられる先生が何人かおられるではないか、そちらの先生に失礼ではないか。その件は私が最短で面倒見るので、といって丁重にことわって来い」という条件をつけられました。

私の風土工学の論文は「風土工学大系の構築」というタイトルにしてほしかったのです

が、面倒見てもらった飯田恭敬先生は、こんなタイトルでは絶対ダメ畳箱の隅をつついた内容の論文だというイメージのタイトルにしなければならないと、これまでの既往論文名をいろいろ調べて「風土資産を活かしたダム堰及び水源地のデザイン計画に関する研究」にしろと御指導していただいた。すなわちたまたま事例がダム堰及び水源地だけで全てのものに適用できるものなのですが、又デザイン計画だけではなく調査、計画、設計、施工全てに適用できるものなので、飯田先生のご指導により反対票もなく無事審査会も通過した。その後博士論文審査は公聴発表会から全て最短で済んで佐佐木綱先生、飯田恭敬先生には大変ありがたく感謝しかありません。

14. 風土工学会を設立しよう

その後佐佐木綱先生から風土工学の学会をつくりたいので京都へ来てほしいという同志社大学の歴史学の広川勝美先生他と緊急座談会をし、それをすぐに本にするという。本が出来上がると阪南大学の神尾登喜子先生のところで歴史文化学会の設立キックオフ・シンポジウムを開くという。そこで同時に売るという。それが「景観十年、風景百年、風土千年」の本でした。

何故歴史文化学会なのですか、風土工学会ではないのですかと佐佐木先生に聞けば風土工学会と言えばそこいらからの抵抗が大きいので当面は工学関係と歴史学関係の半々の人で、構成し名前も歴史文化学会だが、風土工学会とするということでした。その実質は佐佐木先生の門下生が中心的役割をなす。

私はその後、風土工学会を創設するには感性工学の創始者の長町三生先生と私の３人の連名でこれぞ「風土工学」という本を出しましょうと提案したが、佐佐木先生は面白くなかったようでことわられてしまいました。

一方、感性工学会の方はものすごい勢いで大学会が設立した。

感性工学会の設立にあたっては風土工学は欠かせないということで、私は設立発起人メンバーとして、理事とか参与とかで入れられてしまいました。

そんなことで感性工学会が設立したのだが、開けてみるとそのうち風土工学研究部会が最大構成メンバーとなっていきました。

佐佐木先生との風土工学の共著はことわられてしまったので、しかたがないので私の単著で「風土工学」の著作をつぎつぎ出版することになってしまったのです。

15．第二の人生・独立独歩の道しか残されていない！

とうとう、退官の時となり私の第二の人生、土木の業界には世話しないという内示によ

景観十年
風景百年 風土千年

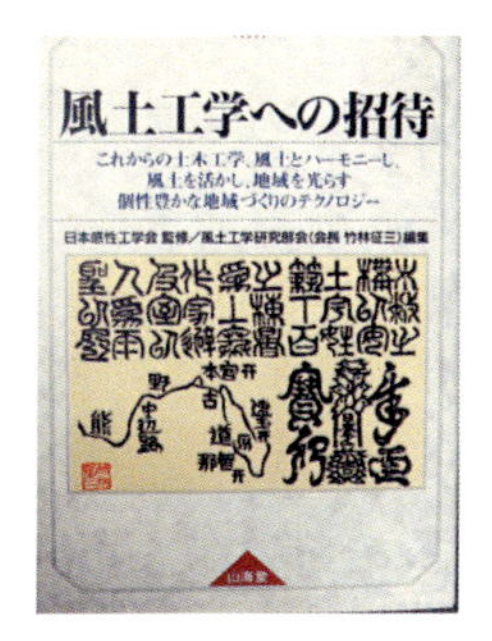
風土工学への招待
これからの土木工学、風土とハーモニーし、
風土を活かし、地域を光らす
個性豊かな地域づくりのテクノロジー
日本感性工学会 監修／風土工学研究部会（会長 竹林征三）編集
山海堂

風土工学序説
竹林征三 著
風土工学序説
竹林征三 著

風土と地域づくり
―風土を見つめる感性を育む―
監修／風土工学デザイン研究所

県の輪郭は風土を語る
―かたちと名前の四七話―
竹林 征三 著
技報堂出版

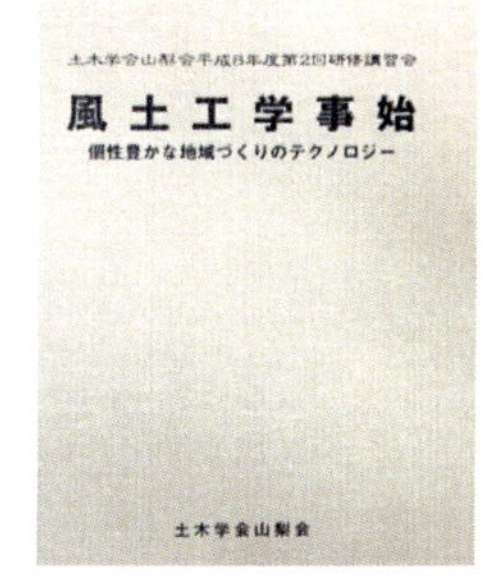
土木学会山梨会平成8年度第2回研修講習会
風土工学事始
個性豊かな地域づくりのテクノロジー
土木学会山梨会

風土千年・復興論
―誇り高い千年先の風土をつくる―
―天変地異
告!!東日本大震災の復興に絶対欠かせないビジョンがある
3.11東日本大震災・大津波と福島第一原発事故は日本中を震撼させた。あれから間もなく2年になろうとしているが、復興への力強い槌音は聞こえてこない。政権が代わり、日本再生に向けた新たな取り組みが叫ばれる中、最も大事な「千年風土をつくる」というビジョンを本書は示す。復興に文明と文化の視点・風土工学の視座が欠かせないのである。

風土工学の視座
竹林征三 著
技報堂出版

市民環境工学 第3巻
風土工学
竹林 征三 編著
山海堂

り、ゼネコンやコンサルタント道は閉ざされた。大学の先生が向いているのではという先輩からのアドバイスもあるのでそちらの道はないか？　その道は絶対にない！　ある大学の関係者が建設省に竹林を欲しいと申し出たら、あいつだけは絶対にとるなと言われたという話が聞こえてきました。絶対にない！　という意味が理解できました。

ある先輩が次のような忠告をしてくれた。『タケサンよ！　タケサンのやること、なすことに対し徹底的に嫌っている人がいる。タケサンよ！　1～2年死んだふりをしてゴルフでもして遊んだらどうか』。私もそれを聞いて、なるほどそれも処世術として良いかもと一瞬考えたが、2～3年なら浪人をしたつもりでよいと思ってみたが、2～3年で石つぶてが止んでくれれば良いが、分からない。10年くらいかかるかも知れない。10年の死んだふりをしていたら、本当に生き返ることが出来ないかもしれない。そのままあの世に行くことになる。更によくよく考えれば、何より少ない退職金も家のローンの返済で一銭の残っていない。遊んでいたら〝おまんま〟が食べられなくなる。そんなことで死んだふりをする芸も諦めざるを得なくなった。

明日からとうとう給料をくれるところが無くなってしまった。それも考えてみればごく当たり前の話である。定年まで勤めておれるところを、自己都合で早期退職した形になっているのだから。

突然首になりゆくところが無くなった場合は、2年間に限り、土研センターの軒先を貸してやるから、その先はどことなり勝手に土木と関係ない社会に出て行けということになった。

2年の猶予を戴いたのでまずは取りあえずよかったと思ったのが浅はかであった。2年間軒先を貸すが自分の給料は自分で稼げ、当然と言えば当然の話であるが、30年近く一筋でやってきた土木の仕事には近寄るな。その道に近寄ればその関係者のテリトリーを荒らすことになるので。関係ない道で自分の給料は稼げという。

風土工学という訳のわからないことを言っているではないか。其れで食えばよいという。しかし風土工学など，1年前に生まれたばかり、誰も知らないし、そんなもので仕事を出してくれるところ等あるわけがない。

そのような折、佐佐木綱先生と気が合う北大の土木計画学の第一人者の五十嵐日出夫先生が私に、これから全国各地で日蓮さんと同じように辻説法を始めるのだ、そうすれば石つぶての嵐に遭遇する事であろうが、正論を言い続ければ必ず信者が増えてくるから。自分も信者になるよと言ってくれました。

16. 斯界の第一人者が設立発起人に

そのようなことより、活動の場として、風土工学デザイン研究所を設立する以外にないと考えた。すると斯界の第一人者が設立発起人になってくれた。谷川民俗学、超有名な文化功労者の谷川健一氏。京都大学元総長農業土木の神様の沢田敏雄氏。神道学の第一人者である、薗田稔氏。河川学で日本のノーベル賞「日本国際賞」の高橋裕氏。アジア民族造形学会創設者の金子量重氏。地理学会会長の中村和郎氏。世界で初めて感性工学を樹立した長町三生氏。土木計画の第一人者・五十嵐日出夫氏。土木学会元副会長の河野清氏。橋の歴史の第一人者の松村博氏。小説家の田村喜子氏。中部地方研究会会長の服部真六氏、等々。

第二部　誕生後・苦節二十年・回顧

1. 苦節二十年・石つぶての嵐

(1)母校の京都大学から工学博士号をいただきましたが、誰からも指導してもらったものではありません。従って所謂指導教官はいません。博士論文審査の手続きをしていただきお世話になった先生はいます。全く私の独創と言ってよいものです。

(2)建設省の土木研究所勤務中、あと1～2年先に建設省を首になることが分かってから私のこれまで勤務中に興味を持ったことをその都度メモや小論文等でまとめていたものが全て一つの体系になったものが風土工学です。それまでの2～3年毎の各地での本来業務の傍ら遊び半分で興味に任せて、まとめておいたものばかりです。本来業務に精を出さずに、そんなことばかりをしていたのではないかと批判する方がいるかと思われますが、それは全く違います。本来の業務は、人一倍真剣にこなして成果をだしてきました。

(3)土木研究所の管理職（環境部長・地質官）当時に博士号をいただいたのですが、研究テーマも研究費も研究を手伝っていただいた研究者もいません。土木研究所の研究テーマは室長についていて、研究費も研究者もすべて研究室につく、その上の研究管理職には研究テーマも研究費も研究者もいません。したがって、土木研究所の年次研究成果報告書の中には私の風土工学に関する論文等は一切ありません。建設省入所以来10数か所の職場時代に考えたことが風土工学の種・アイデアになりました。

(4)土研の外で10年以上前からお付き合いのあった日建設計の野村康彦様（北野高校・

京大土木の後輩）に相談に乗ってもらい手伝ってもらいまとめました。野村康彦さんがいなければ出来なかったものです。

(5)博士号を取った後、その年の最優秀博士論文賞（土木・建築部門）や科学技術長官賞等の受賞のほか業界紙を中心にマスコミが大きく取り上げたので、一躍有名になり、2～3年間は毎週2回ほどいろいろなところからの講演依頼がありましたので、風土工学をテーマにした講演は二百数十回を超えると思います。

(6)52歳で退官・首になってから3つの風土工学研究所を設立しましたが、全て公からの援助は一切ありませんでした。風土工学を支援してくれる多方面の方の支援を受けて全て私の独力で設立し運営してきました。

(7)最初は土木研究センターの風土工学研究所です。3月に建設省を首になってから4月からどこからも給料をもらえなくなって、あわてて設立した研究所です。風土工学の研究で御飯が稼げるとは到底思えませんでした。多くの講演でその名前は知れ渡ったのですが、1年前に誕生したばかりの海のものとも山のものとも分からない風土工学を実際に適用して土木の設計計画をしてみよう等と誰も考えられないというのが現状でしたので、それで私と手伝ってくれる人の給料を稼ぐベンチャービジネスが成り立つ等と考えられませんでした。

(8)土木研究センターの使用していない実験室に間借りをして独立採算の研究所を設立しました。自分の給料は自分で稼げという事ですが、私はワープロもパソコンなど近代ビジネス兵器を一切扱えない不器用な時代遅れな人間に、風土工学をテーマとして稼げと言われても、誰か手伝ってもらわなければ報告書も一つ何もできません。手伝ってくれる人間の給料も稼がなくてはなりません。何よりも風土工学というジャンルで仕事を出してくれるところがあるとは到底思えません。パソコン・電話・机・コピー機ほか書庫・ロッカー等の設備投資も必要です。誰からも応援してもらえません。銀行から貸してくれるところもありません。

(9)雨露をしのぐ軒先は貸すが部屋代光熱費は当然出せという事です。更に本部の経費上納もしろという事です。取りあえずは貸与するが1年以内に返さなくてはなりません。

(10)更に悪いことは、2~3年後にはそこも明け渡して、どこか自分で好きなところへさっさと出ていけという事です。設立したばかりの研究所を軌道にのせなくてはなりませんが、それと同時に、次の給料をいただけるところを探さなければなりません。

(11)大学の先生が一番固定収入があり、かつ研究もできるのでよいのではと考え、当局に大学に推薦してほしいと言えば、地方の東京から便の少ない大学しかない。その時に昔一緒に現地の地質調査をした地質学の徳山先生が全国初の環境防災学部を主体とした大学を富士に２０００年に開学する。そして徳山先生が学長をするので設立教授メンバーに名前を連ねてほしいと要請があった。

⑿筑波の土研センターの風土工学研究所は近く閉鎖しなくてはならなくなる。徳山先生にその大学に附属の風土工学研究所を創設してくれるなら参加する、と条件を付けた。独立採算ならという事で引き受けてくれた。

⒀そのようなことで富士に二つ目の風土工学研究所が出来た。しからば予定通り筑波の研究所を閉鎖して富士の研究所に統合しようとすれば、折角軌道に乗り出して儲け頭なので閉鎖せずに存続してほしいと言い出した。そんなことで富士と筑波の二つの研究所を同時に経営しなければならなくなった。

⒁富士の研究所を今度は軌道にのせなくてはならず、当局・大学本部と折衝したところ、学長の意見と相違してなかなか調整が取れない。そんなことで、いずれこの富士の研究所も私の定年で大学を去る時には閉鎖しなければならなくなると予測して、東京に３つ目の風土工学デザイン研究所を立ち上げた。そんなことで３つの風土工学の研究所と大学教授としての教育の４つの兼業となった。

⒂今は予定通り、大学も定年で去り名誉教授の肩書は残ったものの研究所は東京の風

土工学デザイン研究所に一本化された。
⒃このような経緯で風土工学の普及啓発活動をする母体は出来たのだが、研究した成果を発表する場がない。頭の固い土木学会などは新しい部門など堅く閉ざしている。仕方がないので、新しい学会を創設することにした。
⒄新しく出来た感性工学が新しく学会を創設しようという動きが出来てきた。その中の一部門として風土工学部門も参加してほしいとの要請を受けて、感性工学会の創設に尽力した。

そのようなことで、その後二十年たちました。石の上にも三年と言いますが、石つぶての嵐の中・苦節二十年ようやく徐々に石つぶても和らいできたようにも感じます。

一昨年は何を間違ったのか、私は瑞宝章の叙勲しました。また全国各地で風土の誇りとなる意味空間として風土工学の手法で物語絵本を数多く作って参りました。昨年七月七日に秋篠宮ご夫妻のもとに其の物語絵本の創作活動に対して日本水大賞・特別賞を受賞いたしました。

2. 絵本の創作と日本水大賞

風土工学の設けの中で物語の創作は意味空間の設計の中でも重要である。絵本化へのプロセスをしめす。

(1)トータルデザインコンセプトの絵本化の第一ステップは（コンセプトのブレイクダウン）

(2)第二ステップは風土資産から絵本化する主題材を選定する

①先賢・偉人（蔡温、藤原千方、伊東伝兵衛、安倍貞任等々）

美女・賢女（雫石あねっこ）

②地名由来（甲武信岳、羽地三山、雫石、雷雷、徳山、森吉山等）

③伝説

巨人伝説（八良太郎、アーマンチュ、

デーダンボー）
湖水伝説（三隈山、日田盆地、肘折カルデラ）
河童・地蔵・観音・神様・仏様（行人ガーダロ、肘折、八草峠）
祭祀・行事（御柱、修行鬼会、秩父夜祭、鬼剣舞）
④地形・地質（温泉、巨石、火山、プレートの活動、富士山）
(3)ストーリーの展開手法はスクリプトの手法である。
（昔々ある所に～どっと晴れまで）
陰陽五行（木火土金水、鬼翔平物語）
滝沢馬琴・里見八犬伝手法（徳之山八徳物語）
神話・民話（勧善懲悪、鬼退治、龍神伝説、治水伝説等）
登場人物の設定（擬人化、主役、脇役、敵役）（大道具、小道具）
希求するもの（真善美、徳の社会、災害の宿命からの脱却）
(4)絵の制作（紙質の選定、月桃表紙、七話ともトーンを変える　他）
(5)ビデオ映像化
風土工学デザイン研究所の理事長である田村喜子先生と共同で「鬼かけっこ物語」という題材の絵本をつくりました。北上市の創作民話で最優秀賞をいただきました。本職の作家の作品は単著ですが、この絵本は唯一共著となりました。

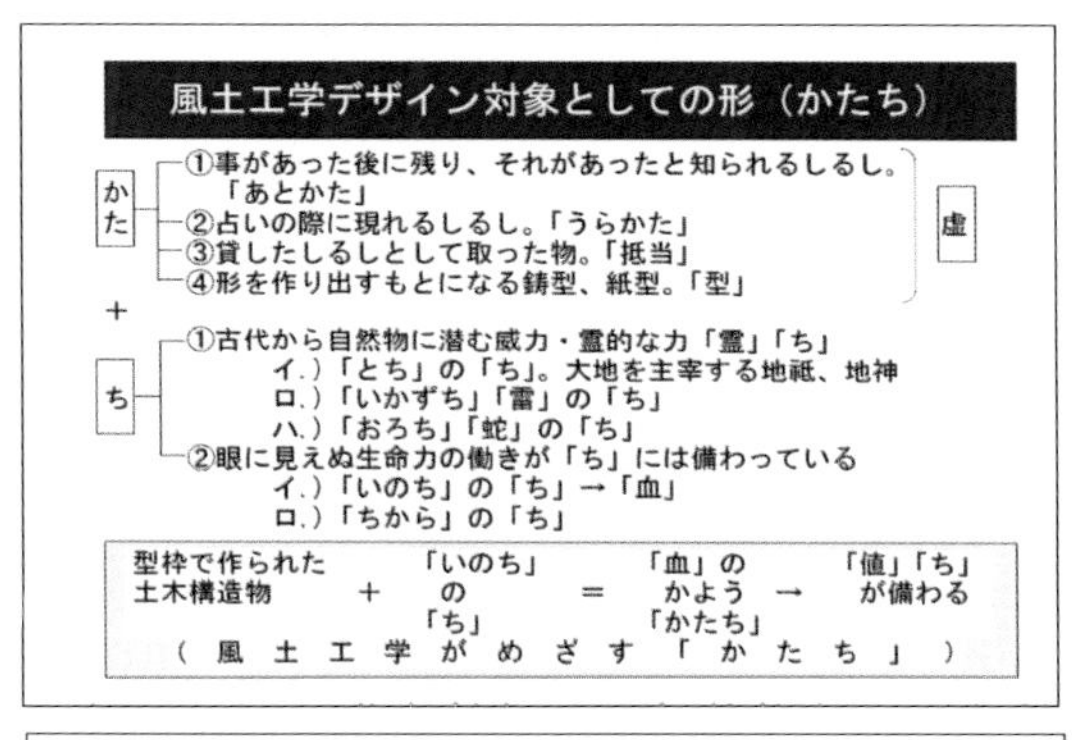

心がそなわるものづくり「かたちづくり」の心

OutからInへのアプローチ　　InからOutへのアプローチ

「か」＋た→「かた」＋ち→ かたち ←か＋たち←た＋「ち」

「仮」→「型枠」＋「心」→ 美の誕生 ←「外枠」＋「性質」←「心」

（風土工学のめざすかたちづくり）

①「形」　もののナリカタチ。
②「姿」　スガタ・シナブリ。（態也）
③「貌」　一身の総恰好也。（分割付加のかたちなのです）
④「状」　ナリなり・花状とは花模様のことになります。
⑤「容」　かいつくろう。すなわちツキです。目容とは目ツキのことです。花容とは花のことではなく、人の姿のツキが花のようだという意になります。
⑥「象」　そのものにかたどる。

風土工学デザイン対象としての色彩
ー「Ｃｏｌｏｒ」にあらず「色」ー

○ヨーロッパ諸国の「Ｃｏｌｏｒ」の概念
　形あるものに備わっている視覚の対象 → Ｃｏｌｏｒ
○漢字の「色」の概念
　「巴」･･･人が跪いている形
　「⺈」･･･人間の形
　　２人の人間が上下にもつれ合っている形
○大和ことばの「いろ」
　恋する対象･･･「いろも」
　敬する対象･･･「いろせ」･･･（兄）
　　　　　　　「いろね」･･･（姉）
　　情・思いの移入
　　「美しさ」の誕生
　　「声にいろがある」

Ｃｏｌｏｒという道具　＋　情・思いの移入 設計意図（デザインコンセプト）　＝　「美しさ」の誕生
（風土工学のめざすもの）

第三部　風土工学とは

1.　風土工学〝ものづくり〟

風土工学の手法で〝かたち〟とか〝いろ〟とか〝名前〟の設計とは何なのでしょうか。

(1)「型枠で作られた構造物」に「いのち」の「ち」を加えると「血の通う〝かたち〟」が生まれた。値（ねうち）「ち」が備わってきた。

(2)仮の「か」に〝た〟をつけると型枠の「かた」が生まれた。それに「ち」（こころ）を加えると「かたち」の美が生まれてきた。

(3)心の「ち」に〝た〟を付けると性質の「たち」が生まれた。それの外枠の「か」を着せると「かたち」の美が生まれてきた。

(4) COLORという道具に、大和言葉の「いろ」を加えると・情けと思いが備わってきて「美しさ」がうまれてきた。

(5)「名」とは「夕べ」に「口」づさむ尊厳のメッセージである。ネーミングでなく、命名とは、名づけにより「いのち」がうまれ、名前の使用により、命名者の意図が伝わり夢が成長し、風格が備わってきた。

2. 命名の〝こころ〟

(1)名づけることによって「世界」は、人間にとっての世界となる。

(2)人間は名前によって連続体としてある世界に切れ目を入れ対象を区切り、相互に分離することを通じて事物を生成させる。そして、それぞれの名前を組織化することによって事象を了解する。

(3)ある事物についての名前を獲ることは、その存在についての認識の獲得それ自体を意味する。

(4)名前の体系は人間とその物のあいだに数限りなく繰り返されたであろう試験（試練）を含む交渉を背負っているのであり、それは「生きられる」空間が創造されたことである。

(5)名づけるとは、物事を創造または生成させる行為である。

風土工学の〝ものづくり〟の評価目的函数は良好風土の形成なのです。

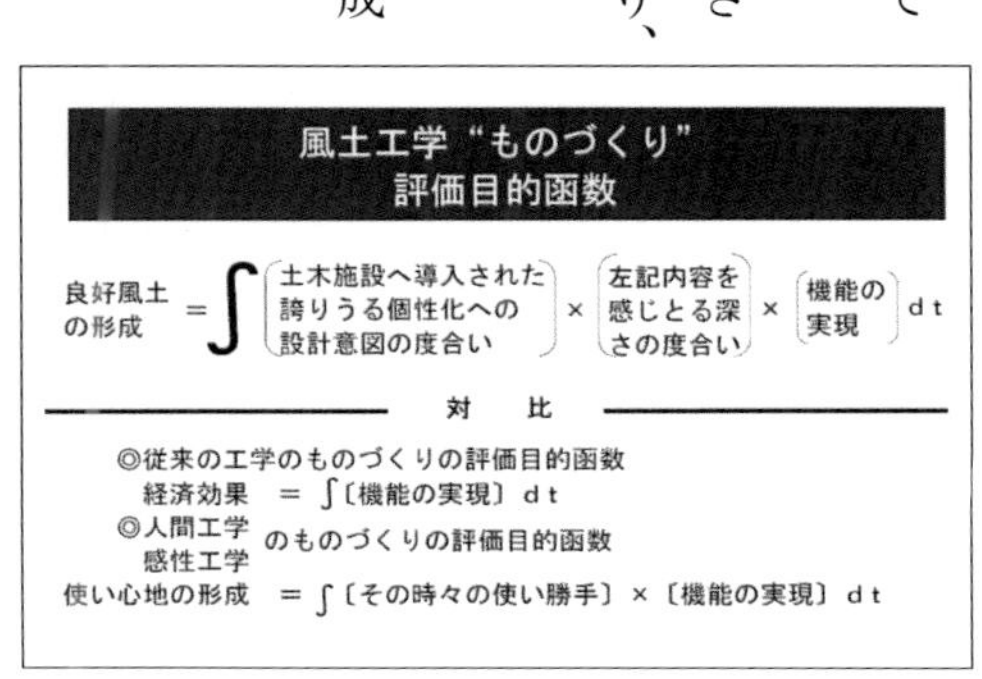

3. 風土工学のすすめ

㈠風土は泣いている

人に個性があるように、地域にも個性がある。人にプライドがあるように、地域にもプライドがある。しかし、地域の個性は、しばしば隠れている場合が多い。また、地域のプライドは、しばしば傷つけられて泣いている。

感性を磨き、地域の歴史や風土・文化などをよく知れば、隠れているものが見えてくるし、プライドの悲痛な叫びが聞こえてくる。感性を磨けば磨くほど、地域の歴史や風土・文化を知れば知るほど、その度合に応じて地域の個性がより輝いていることがわかるから不思議である。

㈡風土工学のすすめ

結論Ⅰ

・あなたの町には大変素晴らしい風土資産がある。
・ないと思う心が地域をダメにする。
・掘り起こせば宝の山・あなたの村。
・地域の誇りを作る心、それが地域愛。

・風土資産をなぜ活かさない。
・地域を光らす、感性と文化。
・感性は磨くもの文化は耕すもの。
・風土資産の要・土木施設。
・土木事業は地域おこしの最大の好機
・地域の誇りを土木施設にデザインする、それが風土工学。

結論Ⅱ

・名前は文化、名前には様々な意義が隠されている。
・仕分け分類・命名は学問のはじまり。名前には命名者の意図が織り込まれている。
・名前は最小最短のポエム。夕べに口ずさむ尊厳のメッセージ。名前はワッペン、高付加価値。
・地名には、計り知れない資産価値 equity がある。
・地図に残る仕事・土木。地図に名をつける仕事・土木。
・成長し出世する名前、成長しない名前。ふさわしい命名はむずかしい。
・古い名前には歴史に耐えてきた風格がある。
・新しく使われる名は地域を夢を育てる。

・ネーミングにはこだわりが重要。統一したコンセプトによる命名で効果百倍。
・土木施設のネーミングデザインそれがソフトな風土工学。

結論Ⅲ

・大自然が永年かけてつくった風土の景観には深い深い趣が隠されている。
・地域の持つ高い風土資産の発掘と評価、それが風土工学のはじまり。
・新しいコンセプトによる景観設計は地域の夢を育てる。その地の風土になじむもの、それが風土工学。
・その地の風土にふさわしい新しいコンセプト。実は大変難しい。それを支援するのが風土工学。
・ユニティ統一の原理による秩序の美の演出。それがデザインコンセプト。美のはじまり。
・風土とハーモニーに、コントラストし、そして風土の中にアイデンティティを見いだす。それが風土工学。美の三定理。
・型枠により作られた土木構造物の「かた」に「いのち」の「ち」を吹き込み、「血」のかよう「かたち」をつくる。それが風土工学。
・カラーという道具を使い、「いろ」という思い入れ、風土とのハーモニーの演出。それが風土工学。

・秩序の美の中で個の主張、ローカル・アイデンティティの演出。それが風土工学。

第四部　風土工学・詩歌集と五訓

景観十年風景百年風土千年

十年の景観の向こうに
百年の風景を見る
百年の風景の向こうに
千年の風土を見る
千年の風土の中に
ほのぼのとした
いにしえの心を見る
風土に育まれた
森羅万象の中に
先人がその地に注いだあたたかき
思いを見る

風土は何故・英語にはないのでしょうか

〝風土〟は何故・英語に訳せないのでしょう
〝風土〟とは〝風〟と〝土〟の物語
〝風〟の字は中に虫が抱かれている、蟲は何を意味するのか
〝土〟の字は二つの横線に縦棒、三線は何を意味するのか
〝風土〟とは神々の大地・文化創生物語
神々の深い意図が隠されている
〝風土〟とは先人のその地に注いだ、血と汗と知恵の物語
先人のその地に注いだ思いと愛の物語
〝工学〟とは〝工〟と〝學〟の物語
〝工〟の字は二つの横線と縦棒、こちらは、突き抜けない
〝學〟の字は大きな屋根に、大きな重い飾りを戴いている
屋根の下には子供がいる。
〝風土工学〟とは（東洋）の知恵に学ぶ地域づくり、〝風土の宝〟づくりの物語

ふるさとの風土

ふるさとには
その地に暮らす人が気づいていない
その地ならではの風土がある
訪ね来た人が気づき心打たれる
美しき風土がある
山を見つめれば
風土はその輝きを増してくる
川に語りかければ
風土は雄弁に答えてくれる
風い耳を澄ませば
風土の息吹が聞こえてくる
鎮守の杜に佇めば風土の温もりが伝わってくる
ふるさとの風土は森羅万象抱いて輝いている

ふるさととは

そこに住む人々にとって
自信と誇りのもてるところで
なければならない

そこに楽しい仕事と
暮らせるだけの所得があり
自然や社会環境が
より良く保たれ

みんなが健康で心のふれあう
温かい人間関係とそして地域の
将来に明るい未来観が
もてるところでなければならない

多様化した社会の中でひとつの
リズムを追うものではなく
さまざまな人のいろいろな
社会活動の欲求を満たして行くハーモニー
これがふるさとづくりではなかろうか

風土工学の歌

一、誇り・豊かさを目指す土木
立派な橋が出来ても
何故か、満足感に浸れない
それは、その地に注ぐ地域愛
入れ忘れたからです
今求められている風土工学

二、悲願達成を目指す土木
長いトンネル　出来ても
何故か、感謝の心　届きません
それは、経済性を　頑なに
追い求めたからです

三、今求められているのが風土工学
安全国土を　目指す土木
高い堤が出来ても
何故か、安心を覚えない
それは、どこかに潜む危険性
感じられる　からです
今求められているのが風土工学

四、利便な国土を目指す土木
立派な道が出来ても
何故か、人々絆　薄れます
それは、風土の心、を、どこかに
おき忘れたからです
今求められているのが風土工学

夢のある「ふるさとに向けて」

〝夢の実現に向けて〟
夢のない人生はつまらない。
同じように、夢のない地域はつまらない、
このふるさとの風土に、どれだけ夢を生み出す人がいるか。
夢を見つけ出す人がいるか。
それがこの地の将来の明暗を分ける、
大きな指標の一つである。
智慧と熱き思いは、夢を現実にする力を持っている。
智慧は夢の中で種子が生まれてきて、
熱き思いの中で大きく育まれる。
個の発想より夢は生まれ、群の想像にて夢の結実に向かう。
夢の実現に向けて、
大切なことは熱き思いの過程であり、結果ではない。

風土工学・一献歌（替え歌）

一．万象に天意を覚らば
人の世の為・国の為
国家百年・國づくり
君盃を挙げたまえ
いざわが友よ・まず一献

二．浅き景観見るにつけ
先人の嘆きが聞こえくる
風土千年・町おこし
君盃を挙げたまえ
いざわが友よ・まず一献

三．男の子じゃないか・胸を張れ
万策尽きて負けるとも
天あり・地あり・人知あり
君盃を挙げたまえ
いざわが友よ・まず一献

水五則

一、みずから行動して他を動かしむるは水なり

一、常に己の進路を求めて止まざるは水なり

一、障碍に遭いてその勢力を百倍するは水なり

一、みずから潔くして他の汚れを洗い清濁併せて容るるの量あるは水なり

一、洋として大海を充し、発しては蒸気となり雲となり雪に変じ霞と化し、凝りては玲瓏たる鏡となり而もその性を失わざるは水なり

大地五則（大地五訓）

一、峨々たる山陵、荒涼たる砂漠、底知れぬ大海底、千変万化の様態を呈し、水循環、大気循環の舞台をつくるは大地なり

一、動かざる様態を呈しつつ、ある時は電光石火の如く、又、ある時は人知れず粛粛と古きを新きものにつくり変える過程を着実に刻むは大地なり

一、生命をはぐくむ万物に活動の場を与え、その最後を受け入れる広き器あるは大地なり

一、太陽からのエネルギーを態を変え、蓄積し、おごることなく人々に深き恵みを与えてくれるは大地なり

一、地球生誕四十六億年の歴史をいつわることなく克明に記録しそれを追い求める人々に、その度合いに応じ、歴史の一こま一こまをロマン満ちた物語として語ってくれるは大地なり

竹林征三撰

大気五則・五訓

一、生ある万物に生存空間と活動エネルギーを与えてくれるは大気なり。

一、生ある万物に四季の変化を通じ時の概念を教えてくれるは大気なり。

一、あらゆる空間を充たし、森羅万象・天変地異の大気現象を律し、地球上の万物を守ってくれるは大気なり。

一、人と人、人と自然との空間を充し、あらゆる音情報を媒介し、時の経過と共に風土を形成し、文化の花を咲かせてくれるは大気なり。

一、ある時は主となり電撃的に又、ある時は従となり粛々と劫の時を経て、不動の大地をも変化させる強烈なポテンシャルを内に秘めているは大気なり。

生類五則・五訓

一、地球に生を受け、人類の繁栄を支えると共に、人類に生あるものの尊厳の伝言を送りつづけるは生類なり

一、ある時は個とし、またある時は、種とし群とし自らの生存しやすい環境を求めると共に、環境変化に応じ自らを変化させる過程をたどるは生類なり

一、多くの種が極めて多様な様態を呈し、個性を主張しつつ生態系の微妙な均衡にその種の存続をゆだねているは生類なり

一、ある時は病原菌として人類を滅亡へと導かんとする一方でそれに対する救いの神の役割を果たすは生類なり

一、深遠たる神秘を秘め、人類の英知が遥か及ばざる大自然の最大傑作、それは生類なり

環境五則・五訓

一、ある時は因となり、又果となり、因果の律に法とり融通無礙なる体を呈し、その恒常性を保とうとするは環境なり、

一、極めて多様な様態を呈しつつ、互いに相い依存しつつ、それに安定性を託するは環境なり

一、太陽の深き恵みを様々な形で吸収し、己のつきせぬ活動の源とするは、環境なり

一、縦横無尽に相い関係しつつ、四次元空間に壮大にして無限の多重体系を構築するは環境なり

一、自他棲み分け、相い補い、共に遷移の道に持続の歴史を刻むは、環境なり

風土五訓

一、五感で感受し、六感で磨き、その深さを増す内に秘めたる、地域の個性、地域の誇り、それが 風土なり

一、そこに住む人々の深き思いに、思いの度合いに応ぐ答えてくれ、他の地の者が、違いを認知すれば、より光る地域の個性、それが風土なり

一、地域の人々の心を豊かに育み、その地の文化の花を咲かせてくれる、風のはばたき、それが風土なり

一、悠久の時の流れで形成され、自己の存在を認識させてくれる外界　自己了解のもと、自己の自由なる形成に向かわせてくれる外界　それが風土なり

一、そこで住む人々とその地が発し、人々の感性をゆり動かす、そこはかとなく漂う、ほのかなゆかしい波動それが風土なり

風土工学誕生物語

定価500円+税

2016年7月15日　1版1刷発行　ISBN 978-4-907-161-69-9

著　者　竹林征三

特定非営利活動法人　風土工学デザイン研究所

〒101-0054　千代田区神田錦町1-23 宗保第2ビル7階

TEL：03-5283-5711　FAX：03-3296-9231

E-mail : design@npo-fuudo.or.jp

発行人　細矢定雄

発行所　有限会社ツーワンライフ

〒028-3621　岩手県紫波郡矢巾町広宮沢10-513-19

TEL：019-681-8121　FAX：019-681-8120